World on the Edge

How to Prevent
Environmental and Economic Collapse

地球に残された時間

80億人を希望に導く最終処方箋

レスター・R・ブラウン

枝廣淳子／中小路佳代子＝訳

ダイヤモンド社

WORLD ON THE EDGE

by

Lester R. Brown

Japanese translation rights arranged with Earth Policy Institute
through Japan UNI Agency, Inc., Tokyo

日本語版への序文

日本のエネルギー政策　そのプラスとマイナス

二〇一一年三月一一日、日本は地震と津波、そして史上最悪の一つに数えられる原子力事故を経験した。東京電力福島第一原子力発電所の事故によって九万人以上が家を離れざるを得なくなり、さらに数千人が基準値を超える放射線の曝露《ばくろ》を受け、東京電力の存続は納税者による膨大な額の救済措置にかかっている。このような状況下にあって、地熱、風力、太陽エネルギーに恵まれている日本は、今こそエネルギー経済を再構築すべきだ。本書の後半ではプランBの概要について述べるが、このプランBには、日本が行なっているように、エネルギー効率を大幅に高めることだけでなく、化石燃料から再生可能エネルギー源への移行も含まれている。

日本は長年にわたって、自動車から家電製品まで数々の分野で、エネルギー効率の世界的リーダーだった。トヨタのプリウスは、燃費のペースセッターとして、世界中の自動車メーカーにとっての基準を設定している。

日本は都市間高速鉄道の活用でも先駆者だ。日本の新幹線は、最高時速およそ三〇〇キロメートルで運行され、毎日四〇万人近くの乗客を運んでいる。新幹線の遅れは「秒」の単位で測られる。現代世界の七不思議を選ぶとしたら、日本の新幹線システムは間違いなくその一つに数えられるだろう。

日本の家電製品は、他国に比べてエネルギー効率が高いだけではなく、毎年その効率が向上している。日本のトップランナー方式は、世界でも最も野心的な家電製品の効率改善システムの一つである。この方式では、その時点で市場に出回っている製品の中で最も効率の良いものが、それ以降に販売される製品の基準となる。そうすることで、技術の進歩にともなって効率を徐々に上げていくのだ。福島原子力発電所の事故ののち、原発のほとんどが運転を停止したため、日本はあらゆる分野でエネルギー効率をさらに改善するという偉業を成し遂げている。

日本は、エネルギー効率の分野では世界のペースセッター役を果たしてきたが、再生可能エネルギー源の開発という分野ではひどく後塵を拝している。太陽光エネルギーは日本が最も強い分野で、世界第三位である。しかし、その設置容量を見ると、世界トップのドイツのわずか四分の一だ。風力はといえば、日本には豊かな風力資源があるにもかかわらず、上位一〇位にも入っていない。人口がたった六〇〇万人のデンマークのような国々に後れをとっている。地熱の発電容量でいえば日本は第八位で、アイスランドとエルサルバドルの間に位置している。

現在のエネルギー政策の結果、日本は輸入燃料に大きく依存している。石油、石炭、天然ガス、ウランのほとんどまたはすべてを輸入しているのだ。世界的に見れば、日本は石炭と天然ガスの輸入量では第一位だ。石油は第三位である。

エネルギー消費量の全体を見ると、石油が半分近くを占めている。石炭、天然ガス、原子力の合計が半分で、残りのほとんどは水力となっている。大規模水力以外の再生可能エネルギーはわずか〇・三パーセントという少なさだ。このように輸入エネルギーに大きく依存していることから、日本はエネルギー供給の途絶に弱い。そして、石油、石炭、ウランの輸入コストが上昇していることから、国民所得に占める割合が増えている。

日本が再生可能エネルギーで後れをとっているのは、この分野における産業力がないためではない。日本は、太陽電池の製造では世界のリーダーである。風力では、三菱重工は屈指の風力タービンメーカーだ。この数年間、三菱重工は米国の風力タービンの重要な供給者となっている。地熱タービンの製造でいえば、日本の三社――富士重工、東芝、三菱重工――が世界全体の三分の二を供給しており、この分野で全面的に優位に立っている。

日本は、世界でも最も地熱に恵まれた国の一つである。日本には一〇〇以上の火山と二万八〇〇〇の泉源がある。地熱の潜在的な発電容量は八万メガワットを超えており、全国の電力の半分を賄うことができる。すべての原子力発電所と古くて汚い石炭火力発電所の多くを止めることができるのだ。

地熱エネルギーに恵まれているにもかかわらず、現在の日本が地熱発電から得ている電力は全体の一パーセントにも満たない。ほかの地熱エネルギーに恵まれている国を見れば、フィリピンでは電力の二〇パーセントを、アイスランドでは二五パーセントを地熱から得ている。

日本のエネルギー分野の優先順位は、研究開発費を見れば明らかだ。膨大な潜在可能性があるにもかかわらず、日本の地熱エネルギー分野が政府からもらっている研究開発資金はゼロである。風力は年に一〇〇〇万ドルをもらっている。他方、原子力は年に二三億ドル得ている。

なぜこうなっているのだろうか？

日本は新しいエネルギーの進路を決めるときだ。風力、太陽、地熱といった国産のエネルギー資源を活用する道である。日本が太陽光発電の設置で世界第三位である理由の一つは、政府がしっかりと支援をしているからだ。二〇〇九年には、電力会社が家庭から太陽光発電による電力を高く買い上げることを義務づける固定価格買取制度を採用し、さらにその支援を強めた。今度は、風力や地熱エネルギーの開発を促進するために、同様の方策を用いるべきである。現在ひどく偏って原子力に投入されている研究予算を再編成し、予算の大部分を風力、太陽、地熱エネルギーに振り向けなくてはならない。

エネルギー経済を再構築するなかで、日本は、輸入燃料への大きな依存から生じるエネルギーの供給不安を軽減することができる。エネルギーを輸入するために国外に流出する資本を減らすこともできる。そのうえ、深刻な原子力発電所の事故が再び起こるリスクを減らし、石炭火力発電所から出る健康を害する大気汚染を減らし、そしておそらく最も重要なことに、二酸化炭素の排出量を減らし、気候を安定させる一助となるだろう。

日本には、エネルギー効率の向上で世界を引っぱってきたのと同じように、再生可能エネルギー源の開発で世界を引っぱっていく能力がある。日本の人々が、「我が国を二一世紀にいざなってくれるエネルギー経済を再構築すべきだ」と主張するときが来ているのだ。

レスター・R・ブラウン

序文

旧友に会って「どう、元気？」と聞かれると、私はよく「私は元気なんだけどね、心配しているのは世界のことなんだ」と答える。ふつうは、「みんなそうじゃない？」という返事が返ってくる。将来についてどちらかというと漠然とした懸念を抱いている人が多いが、気候変動や人口増加といった、具体的な脅威について心配している人もいる。「今のままを続けていったら文明は衰退するのではないか？」と問うにとどまらず、「いつそういう事態になるのだろう？」と考えている人もいる。

二〇〇九年前半、英国政府首席科学顧問のジョン・ベディントンが「世界は二〇三〇年には、食料不足、水不足、高い石油という多重の脅威《パーフェクト・ストーム》に直面しているだろう」と述べた。こういった展開に、加速する気候変動と国境を越えての大量の移民が合わさって、大動乱につながるだろう、と。

それから一週間後、英国の持続可能な開発委員会（SDC）の前の委員長であるジョナサン・ポリットは『ガーディアン』紙に、「ベディントンの分析に賛成するが、タイミングが違っている」と書いた。彼の考えでは、その危機は「二〇三〇年よりもずっと二〇二〇年に近いタイミングで襲うだろう」というのだ。彼はそれを「究極の不況」と呼んでいる――回復することのないかもしれない不況、という意味だ。

ベディントンとポリットのこうした予想は、二つの大きな問いにつながる。もし私たちがこれまでどおりを続けていくとしたら、この地球文明がバラバラになってしまうまでに、どのくらいの時間が残されているのだろうか？　そして、どうやって文明を救うのだろうか？

本書『地球に残された時間（原題：*World on the Edge*）』は、こういった問いへの答えである。「これまでどおりを続けていくとしたら、どのくらいの時間が残されているのか？」については、確かなことは誰にもわからない。私たちは、「有限の環境――つまり地球――における指数関数的な成長のダイナミクスを理解する」難しさを背負っているのである。私にとって、このことを考えるうえで手助けとなるのは、フランスの学校で指数関数的な成長を教えるのに使われるなぞなぞだ。一日目には一枚だった池のハスの葉が、二日目には二枚に、三日目には四枚に、といった具合に、毎日倍増し続ける。三〇日目に池全体を覆ってしまうとしたら、池の半分を覆っていたのは何日目だろうか？　答えは二九日目だ。残念なことに、私たちの地球は混み合い過ぎており、今となっては三〇日目を過ぎているかもしれない。

私の感覚では、多重の脅威《パーフェクト・ストーム》にせよ、「究極の不況」にせよ、いつ来てもおかしくないと思う。その引き金を引くのは、未曾有の不作になるのではないか。その原因は、作物を枯らすほどの熱波と、帯水層の枯渇につれて顕在化する水不足の組み合わせだ。このような穀物の不足によって、食物の価格はグラフから飛び出すほど高騰し、主要な輸出国は輸出を制限または禁止する可能性もある――二〇〇七～〇八年に価格が上昇したとき数カ国がそうしており、二〇一〇年の熱波への対応としてロシアも同じことを行なっている。こういうことになると、今度は信頼できる穀物の供給源としての、市場経済への信頼が損なわれてしまう可能性があるだろう。そして、各国が自国のニーズを満たすことしか考えないような世界では、国際的な経済・金融システムの土台である信頼が崩れ始めるだろう。

さて、二つめの問いについて考えてみよう。世界経済を損ないつつある数多くの環境面のすう勢を逆転させるには、何が必要になるのだろうか？　衰退しないうちに経済を再構築するためには、戦時下のようなスピード感で大規模な動員をかけなくてはならないだろう。我々アース・ポリシー研究所と本書では、この大規模な再構築を「プランB」と呼んでいる。私たちは、このプランBかそれに非常に近いものしか、希望が持てるものはないと確信している。

世界を崖っぷちに向けて引っぱっている環境面での赤字について考えてみれば、環境面での赤字を生み出している価値観は、増大する財政赤字をもたらしている価値観と同じものであることが明らかになる。「自分たちの赤字のツケを払わなくてはならないのは、子どもたちだろう」と考えていたものだが、いまやその赤字のツケを払わなくてはならないのは、自分たちの世代であることが明白だ。環境面と財務面での赤字はいまや、私たちの未来のみならず、現在をも形づくりつつあるのである。

ベディントンとポリットが、社会が崩壊するという見通しについて公の場で取り上げたことは称賛に値する。難なく話せる事柄ではないからだ。その理由の一つは、自分たちが経験したことがない何かを想像するというのは難しい、ということだ。それどころか、私たちは語るための語彙さえ持っていない。また、公に話すのが難しいもう一つの理由は、ここで取り上げているのが単に漠然とした意味での「人類の未来」ではなく、自分たちの家族の将来であり、また友人の未来だからである。私たちが直面している難題ほど複雑で規模が大きく、切迫しているものに対峙したことのある世代は、これまでにない。

だが、希望はある。希望がなければ、本書は存在していなかっただろう。「私たちには、『何をすべきか』も、そして『どのようにすべきか』もわかる」と我々は思っている。

プランBの変革を支える政策の要が二つある。一つは、税制の再構築だ。所得税を下げ、気候変動や大気汚染といった「化石燃料を燃やすことの間接的なコスト」を化石燃料の価格に含めるよう、二酸化炭素の排出への課税を上げるのだ。それでも、私たちが払う税金の額は変わらない。

二つめの政策の要は、二一世紀にとっての安全保障の定義を見直すことである。いまや私たちの未来にとっての脅威は、武装攻撃ではなく、気候変動や人口増加であり、水不足や貧困、食料価格の高騰、そして破綻しつつある国家なのだ。大きな課題は、安全保障を単に概念的に再定義するだけではなく、プランBの目指すところを実現するように財源を移していくため、財政上の優先順位も見直すことだ。そこに含まれるのは、森林の再生、土壌の保全、漁場の回復、すべての子どもたちが初等教育を受けられるようにすること、あらゆる女性に性と生殖に関する健康と家族計画サービスを提供することなどである。

こういった目標は概念的にはシンプルで理解しやすいが、達成するのはたやすくないだろう。

私たち一人ひとりの多大な努力が必要だ。化石燃料関連の産業や防衛産業が、現状維持によって得られる既得権益は強力である。しかし、危機に瀕しているのは私たちの未来なのだ。あなたの未来と私の未来なのである。

二〇一〇年一〇月

レスター・R・ブラウン

地球に残された時間——目次

第I部　悪化しつつある基盤

第一章　崖っぷち

第二章 地下水位の低下と収穫量の減少

第三章 土壌の侵食と砂漠の拡大

第四章
上昇する気温、融ける氷、脅かされる食料安全保障

第Ⅱ部　その結果

第五章
食料不足という政治問題の出現

第Ⅲ部 解決策はプランB

第八章 エネルギー効率の良い世界経済を構築する

第九章 風、太陽、地熱のエネルギーを利用する

第一〇章 経済を支える自然のシステムを修復する

第一一章 貧困を根絶し、人口を安定させ、破綻しつつある国家を救済する

第一二章

八〇億人を養う

第Ⅳ部　残された時間

第一三章　文明を救う

第一章

崖っぷち

気候変動の甚大な影響

二〇一〇年夏、記録的な高温がモスクワを襲った。最初は、単なる熱波だった。しかし、六月後半に始まったジリジリするほどの暑さは、八月半ばまで続いたのである。ロシア西部では、八月上旬、あまりにも高温になり、かつ乾燥したため、毎日三〇〇～四〇〇件の火事が起きた。何万平方キロメートルもの森林が焼け、何千軒もの家が燃え、そして作物はしおれてしまった。

来る日も来る日も、モスクワはいつ終わるとも知れない煙に覆われていた。年配者や呼吸器疾患を抱えた人々は、息をするのもひと苦労だった。熱ストレスと煙が犠牲者を生むにつれ、死亡率が上昇した。

モスクワの七月の平均気温は、例年よりも八℃も高いという、ほとんど信じられないものだった。この熱波の間二度にわたって、モスクワの気温は三七・七℃を超えた。これは、モスクワ市民がかつて体験したことのない気温だ。夜のテレビニュースで、七週間にもわたって熱波が広がり、何千件という火事が起き、至るところに煙が立ちこめている様子を見ているのは、まるで、終わりのないホラー映画を見ているようだった。ロシアの一億四〇〇〇万の人々は、自分たちや自国に起こっていることに大きな精神的ショックを受けた。

ロシアの一三〇年間にわたる観測史上で最も猛烈だった今回の暑さは、大きな経済的犠牲をもたらした。森林の損失およびその回復のための推定コストは、合わせて三〇〇〇億ドルほどに達した。何千もの農家が破産の危機に陥った。

作物が熱にやられてしまったため、ロシアの穀物生産は、一億トン近くからたった六〇〇〇万トンにまで減少してしまった。最近では世界第三位の小麦輸出国であるロシアは、国内の食料価格の急騰に歯止めをかける必死の手立てとして、穀物の輸出を禁止。六月中旬から八月中旬の間に、世界の小麦価格は六〇パーセント上昇した。ロシアの歴史上最悪の熱波と長期間続いた干ばつが、世界中の食料価格を押し上げていったのである。

しかし、いくらか良いニュースもモスクワから出てきた。七月三〇日、ロシアのドミトリー・メドヴェージェフ大統領は、ロシア西部では広範囲にわたって「事実上、あらゆるものが燃えている」と述べた。汗を浮かべながら、大統領はこう続けた。「現在地球の気候に起こっていることは、我々全員にとっての警鐘とならなくてはならない」。何やら臨終の場面での会話のようだが、こう述べた大統領は、「気候変動は起こっていない。二酸化炭素削減の取り組みには反対」としてきたそれまでのロシアの立場を捨てようとしていた。

ロシアの熱波が終わってもいない七月後半には、パキスタン北部の山岳地帯で豪雨発生との報道があった。パキスタンのライフラインであるインダス川とその支流が氾濫していた。肥沃な氾濫原を耕作地にするために、土手を築いて川を細い水路に押し込めていたのだが、その土手が決壊したのだ。最終的には、荒れ狂った水は国の五分の一を覆った。

どこを見ても破壊的な状況だった。約二〇〇万の家屋が損壊した。この洪水の影響を受けた人は二〇〇〇万人を超え、二〇〇〇人近くの人命が奪われた。約二万四〇〇〇平方キロメートルの農作物が被害を受け、一〇〇〇万頭以上の家畜が溺れ死に、道路や橋は流された。豪雨が原因だと言われたが、実際には、「パキスタン史上最大の自然災害」と呼ばれるこの洪水が起こったのは、いくつかのすう勢が一つに収束したからだ。

洪水は「自然災害」ではない

二〇一〇年五月二六日、パキスタン中南部のモヘンジョダロでは、公式発表の気温が五三・

三℃に達した。アジアにおける史上最高気温である。インダス川のいくつもの支流の源流があるヒマラヤ山脈西部では、雪や氷河が急速に融けていた。パキスタンの氷河学者M・イクバル・カーンは、「豪雨が降る前ですら、氷河の融解によって、インダス川の水量はすでに膨れ上がっていた」と言う。

自然資源にかかる人口の圧力は大きい。パキスタンの一億八五〇〇万の人々は、米国の八パーセントの面積の土地に詰め込まれるようにして暮らしている。インダス川流域にもともとあった森林の九〇パーセントは姿を消しており、降雨を吸収し、雨の流出を抑えてくれる森林はほとんど残っていない。それだけではない。パキスタンでは、牛、水牛、羊、ヤギといった家畜が、一億四九〇〇万頭飼われている。米国で放牧されている家畜数の一億三〇〇万頭をはるかに上回る数字だ。その結果、植生はむしり取られてしまった。雨が降ると雨水は勢いよく流れ出して土壌を侵食し、貯水池を堆積物でいっぱいにしてしまい、洪水時の貯水能力を損なう。

二〇年かそれ以上前、パキスタンは「安全保障を主に軍事面から考える」ことを選んだ。再植林や土壌保全、教育、家族計画に投資をすべきであったときに、パキスタンは軍事力増強のため、こういった取り組みをなおざりにしていたのだ。一九九〇年の軍事予算は教育予算の一五倍で、驚くべきことに健康医療や家族計画予算の四四倍だった。その結果、パキスタンは今では、貧しく、多過ぎる人口を抱え、環境の荒廃した核大国であり、女性の六〇パーセントは読み書きができない。

二〇一〇年の夏にロシアとパキスタンに起こったことを見れば、これまでどおりを続けていくと、私たちにどのようなことが起こるかがわかる。メディアは、ロシアの熱波やパキスタンの洪水は「自然災害だ」と言う。しかし本当にそうなのだろうか？　気候科学者はかなり前から、「気温が上昇すれば極端な気候現象の頻度が高まるだろう」と言ってきた。また生態学者は、「生態系にかかる人間の圧力が大きくなり、森林や草地が破壊されるにつれ、洪水がより深刻になるだろう」と警告してきたのだ。

自然からの供給を超える需要

私たちの文明が問題状況にあることを示す兆しが、どんどん増えている。文明が始まって以来六〇〇〇年のほとんどの期間、人間は自然のシステムから持続可能に得られる範囲のものに頼って暮らしてきた。しかし、この数十年間、人類は自然のシステムが支えられるレベルを超えてしまっている。

私たちは、地球の自然資本を取り崩しながら、自らの消費をあおっているのである。世界人口の半数は、地下水位が低下し、井戸が枯れつつある国々に住んでいる。世界の耕地の三分の一で、土壌侵食の速度が土壌形成の速度を上回っており、土地は痩せつつある。牛、羊、ヤギといった家畜はどんどん数が増え、広大な草地を砂漠に変えつつある。農業用に土地を焼いたり、材木や紙の原料として木を伐採しているため、森林は年に五万三〇〇〇平方キロメートルずつ小さくなっている。海洋漁場の五分の四では、漁獲量が持続可能な量のギリギリかそれを超えており、崩壊に向かっている。どのシステムを見ても、需要が供給を超えているのだ。

他方、私たちは化石燃料を大量に燃やし、大気中の二酸化炭素を過剰に増やし、地球の気温をどんどん上げている。そのことが今度は、作物を枯らしてしまうような熱波やより強烈な干ばつ、より深刻な洪水、そしてより破壊的な嵐といったさらに極端な気候現象をもっと頻繁に引き起こすことになる。

地球の気温上昇は、極地の氷床や山岳氷河も融かしつつある。加速度的な勢いで融けつつあるグリーンランドの氷床がすべて融けてしまうと、米を生産しているアジアの河川デルタや、世界の沿岸地にある都市のほとんどは、水面下に沈んでしまうだろう。インドと中国の主要な河川——ガンジス川や長江、黄河など——が乾季にも水を絶やさず、その水に頼った灌漑システムが続けられるのは、ヒマラヤ山脈やチベット高原の山岳氷河の融解のおかげなのだ。

行き過ぎた消費が支える経済成長

経済の規模が小さいときには「環境のシステムに対する地元の行き過ぎた要求」だったものが、ある時点で、全世界的な規模のものになった。二〇〇二年、マティース・ワケナゲルが率いる科学者チームは、大気中への二酸化炭素の出し過ぎも含む「地球の自然資本の使用度合い」を統合し、一つの指標——エコロジカル・フットプリント——をつくり出す研究を行なった。ワケナゲルらの結論は、「人間が要求するものの総計は、一九八〇年ごろにはじめて、地球の再生能力を超えた」というものだ。一九九九年には、世界全体で地球の自然のシステムに求めるものは、持続可能に得られるものを二〇パーセント上回っていた。その後も計算が続けられているが、二〇〇七年には五〇パーセント上回っていたという。別の言い方をすると、現在の私たちの消費を支えるには、地球が一・五個必要ということだ。環境的に言えば、世界は〝行き過ぎの状態〟である。もし現在の状況を評価するために環境指標を用いるならば、経済を支える自然のシステムの地球規模での低下——経済の衰退と社会の崩壊につながる環境の衰退——がまさしく起こっているのである。

これまでの文明で、自らを支えてくれる自然を破壊し続けながら生き残ったものは一つもない。私たちの文明も同じだろう。しかし、経済学者は異なるレンズを通して未来を見ている。彼らは進歩の測定を経済データに大きく頼っているので、一九五〇年から世界経済は一〇倍近くに拡大しており、関連して生活水準も向上していることを「我らが近代文明のすばらしい達成」と見ているのだ。この期間に世界の一人当たりの所得は四倍近くになっており、かつては考えられなかったレベルまで生活水準を高めている。一〇〇年前、世界経済の一年間の成長は「一〇億ドル」単位で測られていたが、今日では「兆ドル」単位である。主流派の経済学者の目には、世界にはすばらしい過去ばかりではなく、前途有望な未来があると見えているのだ。

主流派の経済学者は、二〇〇八〜〇九年の世界的な不況と国際的な金融システムが崩壊すれすれの状況に陥ったことを、一過性の問題と見ている。いつになく大きなものではあるが、そのあとはいつものように成長に戻ると思っているのだ。世界銀行だろうと、ゴールドマン・サックスだろうと、ドイツ銀行だろうと、経済成長の予測は通常、世界経済は年率約三パーセントで拡大すると見ている。この成長率でいけば、二〇三五年時点での経済規模は難なく二〇一〇年の経済の二倍になるだろう。こういった予測では、今後数十年の経済成長は多かれ少なかれ、過去数十年の経済成長の延長線上にある。

市場経済は真実のコストを語らない

私たちはなぜこのめちゃくちゃな状態に陥ったのだろうか？　現在のやり方での市場中心の世界経済は苦境に陥っている。市場には得意なことがたくさんある。中央計画型では実現はおろか、想像もできないほど効率良く資源を割り当てる。しかし、世界の経済がこの一〇〇年間に約二〇倍に拡大するにつれ、その欠陥が明らかになってきた——その欠陥はあまりにも深刻なものであるため、是正されなければ、私たちが知るところの文明は終焉を告げられることになるだろう。

市場は価格を設定するが、私たちに真実を伝えていない。いまや直接コストよりもずっと大きくなることもある間接コストを計算に入れていないのだ。ガソリンを例にとろう。原油を掘り出し、精製してガソリンをつくり、米国のガソリンスタンドまで運ぶコストが、たとえば一リットル当たり約〇・七九ドルだったとしよう。間接コストには気候変動、呼吸器疾患の治療、油の流出、石油へのアクセスを保障するために米軍を中東に配備していることなどがあるが、このコストは一リットル当たり約三・一七ドルとなる。石炭についても同様の計算ができる。

私たちは、自分たちの会計システムで自らを惑わしているのだ。それほど巨額のコストを帳簿に入れずにおけば、間違いなく破産に至る。環境のすう勢は、経済と、究極的には社会そのものがどうなっていくかを私たちに伝える主要な指標だ。今日の地下水位の低下は、明日の食料価格上昇の合図である。極地での氷床の縮小は、沿岸地の不動産価値低下の前触れなのだ。

それに加えて、主流派の経済学は、「地球を支える自然のシステムが持続可能に提供できるギリギリの量はどのくらいか」にほとんど注意を払っていない。近代の経済理論や経済政策が、自らが依存している生態系からあまりにもずれた経済をつくり出してきたため、生態系は崩壊に近づきつつあるのだ。どうして、地球の森林を減少させ、土壌を侵食し、帯水層を枯渇させ、漁場を崩壊させ、気温を上昇させ、氷床を融かしている経済システムが、将来も単純かつ長期的に成長していくだろうと考えることができるのだろうか？　こうした延長線上に未来を見る考え方の土台にある知的なプロセスとは、どのようなものなのだろうか？

食料不足が引き起こす文明の崩壊

今日の経済学の状況は、コペルニクスが登場した頃――太陽が地球の周りを回っていると信じられていた時代――の天文学のそれと似ている。コペルニクスが数十年にわたって天体を観測し、数学的な計算をしたのち、天文に関する新しい世界観をつくらざるを得なかったように、私たちも、何十年にもわたる環境の観測と分析を元に、経済に関する新しい世界観をつくり出さなくてはならない。

考古学の記録を見ると、文明の崩壊は突如として起こるものではないことがわかる。古代文明を分析している考古学者は、筋書きは「衰退→崩壊」だと言う。ほとんど例外なく、経済的・社会的な崩壊の前に、環境が衰退する時期があるのだ。

過去の文明の場合、その崩壊の主原因が、ある一つの環境的なすう勢であったことも、いくつかのすう勢であったこともある。シュメール文明の崩壊の主な原因は、灌漑システムの設計に環境面での欠陥があったために土壌の塩分濃度が高まったことであった。それ以外はすばらしい灌漑システムだったのだが、ある点を超えると、土壌に蓄積した塩分のせいで小麦の収穫量が減っていった。シュメール人は、より塩分に強い穀物である大麦に切り替えた。しかし、ついには大麦の収穫量も減り始めた。その後に文明が崩壊したのである。

考古学者のロバート・マコーミック・アダムズは、現在のイラクにある、ユーフラテス川の中央氾濫原に広がる古代シュメール文明の遺跡を、「何もなく荒涼としており、いまや農耕の最前線から外れた場所」と描写している。「草木もまばらであり、多くの場合、一本の木も草もないに等しい……。しかし、かつてここは、世界最古の、文字を持った都市型文明の中心地だったのだ」

マヤ人にとっての文明崩壊の主原因は、森林消失と土壌の侵食であった。帝国の拡大を支えようと、農地にするためどんどん土地が焼かれるにつれ、土壌侵食が起こり、表土の生産性が損なわれた。米国航空宇宙局（NASA）の科学者チームは、「マヤ人が広範囲に森林を伐採したことから、地域の気候も変わり、降雨が減ったと思われる」と述べている。科学者は「実際には、いくつかの環境面でのすう勢が、他のすう勢を悪化させたりしながら収束していき、マヤ文明を破綻させた食料不足につながった」と示唆している。

私たちは、高度に都市化が進み、技術的にも進んだ社会に暮らしているが、地球の自然によって支えられているシステムに依存していることは、シュメール人やマヤ人と変わらない。これまでどおりのやり方を続けていけば、文明の崩壊は「起こるかどうか」ではなく「いつ起こるか」という問題になってくる。現在の私たちの経済は、それを支える自然のシステムを破壊しつつあり、衰退と崩壊へと歩ませているのだ。私たちは、危険なほど崖っぷちギリギリのところにいる。ロックフェラー財団の前理事長であるピーター・ゴールドマークはいみじくも、「我々の文明の死は、もはや理論や学術的可能性ではない。それは私たちが進みつつある道なのだ」と言っている。

古代文明に関する考古学的記録を見ると、多くの場合、食料不足が文明の衰退と崩壊を加速させてきたようだ。私は長らく「近代農業の進歩を考えれば、食料がこの二一世紀文明の弱点になることはないだろう」と思っていた。今日では、「それは弱点であるかもしれない」と思うばかりか、「それこそが弱点である」と考えている。

広がり続ける飢餓への憂慮

私たちが地球の資源を過剰消費していることによって、経済に最初に現れる影響のいくつか——世界の食料価格の高騰など——が見え始めるにつれ、遠からず主流派の経済学者の目にも私たちの置かれている現実が明らかになってくるかもしれない。二〇〇七年はじめに、世界の穀物需要が急増し供給が逼迫《ひっぱく》するにつれて、小麦、米、トウモロコシ、大豆の価格が上昇し始め、二〇〇八年春には史上最高値の三倍にも達した。そのとき私たちは、今後起こりうることの予告編を目にしたのだ。大恐慌以来最悪の世界的な景気後退と、二〇〇八年の記録的な穀物収穫量のおかげで、少なくても当面の間はなんとか穀物価格の上昇を抑えることができた。二〇〇八年以降、世界市場での価格はいくらか下がっているが、二〇一〇年一〇月時点では、ロシアの穀物不作を受け今なおこれまでの最高値の二倍に近いところにあり、かつ上昇し続けている。

社会的側面で最も憂慮すべき勢は、飢餓が広がっていることだ。二〇世紀の最後の数十年間、慢性的な飢餓と栄養不良を抱えた人々の数は世界中で減りつつあり、一九九六年には七億八八〇〇万人まで減った。その後、自動車用燃料の生産に大量の穀物が転用されるようになったことから、年間の穀物消費量の増加が二倍になるにつれ、慢性的な飢餓と栄養不良の人の数は最初はゆっくりと、それからより急速に増え始めた。二〇〇八年には、九億人を突破した。二〇〇九年には、飢餓と栄養不良を抱えた人々の数は一〇億人を超えている。国連食糧農業機関（ＦＡＯ）では、二〇一〇年には飢餓の人々の数は減ることを予期していたが、ロシアの熱波とその後の穀物価格の高騰はその希望を打ち砕いてしまったのかもしれない。

このように飢餓が広がっていることが憂慮されるのは、単に人道的な意味だけでなく、今日私たちが遺跡を研究している古代文明では、非常に多くの場合、崩壊に先立って飢餓が広がっていたからである。この地球文明の社会的な崩壊の前触れになる衰退の指標として「飢餓の広がり」を用いるとしたら、それは一〇年以上前に始まっている。

「破綻しつつある国家」の誕生

環境の劣化が進み、経済や社会の緊張が増大するにつれ、より脆弱な政府はそういった事態に対応するのが難しくなってきている。そして、人口の急増が続くにつれて、耕地は不足し、井戸は枯れ、森林は消え、土壌は侵食され、失業者が増え、飢餓が広がる。こういった状況下で、より力のない政府は信頼と統治能力を失いつつある。こういった国々は、「破綻しつつある国家」となる。政府がもはや、個人の安全や食料安全保障、教育や医療サービスといった基本的な社会サービスを提供できない国だ。たとえば、ソマリアはいまや、いかなる有意な基準で考えてももはや国家ではなく、地図上の場所でしかない。

「破綻しつつある国家」という用語を私たちが日常的に使うようになったのは、つい最近のことである。増大する圧力下で機能を停止しつつある、より脆弱な政府はたくさんあり、アフガニスタン、ハイチ、ナイジェリア、パキスタン、イエメンなどの政府がそれにあたる。破綻しつつある国家のリストが年々長くなるにつれ、気がかりな問いが浮かんでくる。「いくつの国が破綻したら、この地球文明はバラバラに崩れ始めてしまうのだろうか？」

この地球文明が崩壊し始めるまでに、私たちはどれぐらい長く、衰退の段階——自然資本の取り崩しで測るにせよ、飢餓の広がりで測るにせよ、破綻国家で測るにせよ——にとどまることができるのだろうか？　私たちが資源不足の問題に取り組んでいるさなかにも、世界の人口は増え続けている。今日の夜、昨夜は存在していなかった二一万九〇〇〇人が夕食の席につくことになる。しかし、その多くの人の前に置かれているのは、空っぽの皿だ。

水のくみ上げ過ぎが食料バブルを招く

もし私たちがこれまでどおりのやり方を続けていくとしたら、世界経済の深刻な崩壊を目の当たりにするまでに、どれほどの時間があるのだろうか？　答えは、「わからない」。これまでそのような状況に陥ったことがないからだ。しかし、これまでどおりを続けていくとしたら、残された時間はおそらく「数十年」ではなく、「数年」という単位で測られることになるだろう。今、私たちはあまりにも崖っぷち近くにいるため、崩壊はいつ何時《なんどき》来てもおかしくない。たとえば、もし二〇一〇年にモスクワを中心に襲った熱波が、モスクワではなくシカゴを中心に襲っていたとしたら？　だいたいの数字で言えば、ロシアでは一億トン近くという直近の収穫量が四〇パーセント減ったことで、世界は四〇〇〇万トンの穀物を失った。だが、はるかに大きい米国の穀物収穫量四億トンが四〇パーセント減っていたら、一億六〇〇〇万トンが失われていただろう。

二〇一一年の世界の穀物備蓄（新しい収穫が始まるときに貯蔵庫に残っている量）は、ロシアの熱波による影響で世界の消費量七九日分から七二日分に減ると予測されているが、もしあの熱波がシカゴを中心に襲っていたとしたら、世界の消費量の五二日分まで減ってしまっていただろう。これは史上最低の備蓄量であるばかりか、二〇〇七～〇八年に世界の穀物価格を三倍に跳ね上げるお膳立てとなった六二日分の備蓄もはるかに下回ることになる。

要するに、モスクワでそうだったように、「もしシカゴの七月の気温が、通常より平均八℃高ければ、世界の穀物市場に大混乱が起きただろう」ということなのだ。穀物価格はグラフから飛び出すほど急騰したことだろう。穀物輸出国は、二〇〇七～〇八年にそうしたように、国内の穀物価格を抑えようと輸出制限や輸出禁止すらしただろう。テレビの夜のニュース番組では、穀物を輸入に頼っている低所得国で食料暴動が起こっている映像や、飢餓の広がりにつれて政府が機能しなくなっているという報告ばかりが流れるようになっていただろう。石油を輸出している穀物輸入国は石油と穀物を交換しようとし、低所得の穀物輸入国は取り残されていただろう。政府が機能せず、世界の穀物市場に対する信頼が粉々に砕けるということになれば、世界経済は崩壊し始めていたかもしれない。

今では、食料価格が安定するかどうかは「毎年、世界で史上最高かそれに近いぐらいの穀物が収穫できるか」にかかっている。そして、気候変動だけが食料の安全保障に対する脅威ではない。水不足の広がりも、食料安全保障と政治の安定に対する大きな、そしておそらくより切迫した脅威だ。帯水層を枯渇させることで無理やり穀物生産量を増やしている「水が膨らませている〝食料バブル〟」がはじけ始めており、それにつれて、灌漑地の収穫量は減りつつある。最初にはじけるのは、サウジアラビアの食料バブルだ。サウジアラビアでは、化石帯水層の枯渇によって、三〇〇〇万トンあった穀物収穫量が実質的にゼロになりつつある。そして少なくともほかに一七カ国、水のくみ上げ過ぎによる食料バブルを抱える国々が存在する。

サウジアラビアが失う約三〇〇〇万トンの小麦は、世界全体の小麦収穫量の一パーセント弱である。しかし、いくつかの国で失われるかもしれない収穫量はそれよりずっと大きい。世界銀行によると、インドで行き過ぎた水のくみ上げによって生産されている穀物は、一億七五〇〇万のインドの人々の食料をまかなっている。中国ではその数字は一億三〇〇〇万人だ。こういった「水によって膨らまされている食料バブル」がいつはじけるのか正確にはわからないが、いつ起こってもおかしくない。

世界の灌漑用水の使用量がピークに達した、または達する寸前だとしたら、私たちは水資源をめぐる厳しい競争の時代に入りつつあるということになる。今後の価格上昇を避けられるスピードで食料生産を拡大することは、ずっと難しくなるだろう。灌漑用水の供給が減りつつあるさなかにも毎年八〇〇〇万の人口が増えている地球文明は、窮地に立っていると言えよう。

水によって膨らまされた食料バブルが、中国やインドといった規模の大きな国ではじけると、世界中の食料価格を押し上げ、その高価な食料に最も手の届かない人々が消費を減らさざるを得なくなるだろう。すでに所得の大半を食費に充てている人々である。今でも一日一食で何とか生きながらえている家族がたくさんいる。世界経済というはしごの下のほうにいる人々は、今ですら指一本で何とかしがみついている状態なのに、その指が離れかかっているかもしれない。

自然が握る崩壊へのストップウォッチ

　私たちの将来をさらに複雑にする原因は、世界が石油生産量のピークに達するのとほぼ同時に、水のピークにも達しつつあるかもしれないということだ。国際エネルギー機関（ＩＥＡ）のチーフ・エコノミストであるファティ・ビロルは、「石油が私たちを置いてなくなってしまう前に、私たちが石油から離れていかなくてはならない」と言っている。私もそう思う。気候を安定化させるのに間に合うようすばやく石油の使用をやめていければ、きちんとしたやり方で炭素ゼロの再生可能エネルギー経済への移行も後押しする。そうしなければ、どんどん減っていく石油の供給をめぐって国々の競争が激化し、高騰する石油価格に対して常に脆弱な状態が続くことになる。そして近年開発された「穀物を石油（エタノール）に変換する能力」のせいで、いまや穀物価格は石油価格と結びついている。石油価格の高騰は食料価格の高騰を意味するのだ。

　いったん世界が石油と水のピークに達したら、「人口増加が続けば、一人当たりの石油および水の供給量が急速に減る」ことになる。そして、石油と水がなければ食料は生産できないため、その食料供給の影響は、多くの国に手に負い切れない圧力を与えることになるかもしれない。そしてこういった状況は、気候変動の増大がもたらす脅威に加えてのしかかってくることになる。英国外務大臣で保守党の元党首であるウィリアム・ヘイグは、「気候の安全保障なしに、食料、水、エネルギーの安全保障はありえない」と述べている。

何よりも、自分たちの置かれているこの状況から、二一世紀における「安全保障」を再定義せざるを得なくなっている。安全保障に対する主な脅威が軍事力であった時代は、過去のものとなった。現在の脅威は、気候の変動、広がる水不足、とどまることのない人口増加、飢餓の蔓延、破綻国家である。課題は、安全保障にとってのこういった新しい脅威に見合う、新しい財政的な優先順位を考え出すことである。

目の前にある課題は、手に負えないかもしれないと思えるほど複雑で、前例のないほど切迫している。私たちは体系的に考え、しかるべき政策をつくることができるだろうか？　経済の衰退と崩壊を避けられるスピードで動くことができるだろうか？　崖を越えてしまう前に方向を変えることができるだろうか？

現在の状況は「自然の転換点《ティッピング・ポイント》と政治の転換点のどちらが早く来るか」というものだ。だが、自然の転換点がどこにあるのか、私たちは正確には知らない。それを決めるのは自然である。自然がストップウォッチを握っているのだ。しかし、私たちにその時計を見ることはできない。

「これまでどおりのやり方を続けていれば、我々の文明は終焉に近づいていく」という考え方を理解したり、受け入れるのは易しいことではない。未経験のことを想像するのは難しいのだ。私たちは、この見通しについて議論するための経験はもちろん、語彙ですらほとんど持っていない。

「プランB」で達成すべき四つの目標

私たちがどれほど崖っぷちの近くまで来ているかを理解できるよう、本書の第Ⅰ部と第Ⅱ部では、これまで述べてきたすう勢——地球の自然資本の取り崩しが進行し、飢餓が拡大し、破綻国家リストがどんどん長くなっていること——について詳しく説明する。

世界を崖っぷちめがけて突き動かしているのは、経済を支える自然のシステムの破壊と気候システムのかく乱であるため、これらのすう勢を逆転しなくてはならない。そのためには、途方もなく要求水準の高い手立てが必要だ。これまでどおりのやり方から、我々アース・ポリシー研究所が「プランＢ」と呼んでいるものへ、すばやく転換しなくてはならない。第Ⅲ部ではこれについて説明する。

プランＢは、第二次世界大戦時の米国の動員に匹敵する規模と切迫性を有しており、その構成要素は四つある。二〇二〇年までに世界の二酸化炭素排出量の八〇パーセントを削減すること、二〇四〇年までに世界人口を八〇億人以下で安定させること、貧困を根絶すること、そして、森林、土壌、帯水層、漁場を回復させることである。

二酸化炭素排出量は、世界のエネルギー効率を体系的に向上すること、交通輸送システムを再構築すること、化石燃料の燃焼から風、太陽、地熱のエネルギーといった地球の富の利用へ転換することによって削減できる。化石燃料から再生可能エネルギーへのエネルギー転換は、主に税制の再構築によって進めることができる。つまり、徐々に所得税を減らし、その分炭素税を引き上げるということだ。

プランBの二つの構成要素——人口の安定と貧困の根絶——はワンセットで、相互に強化し合うものだ。このためには、すべての子ども——男児と同様、女児も——に少なくとも初等教育を受けさせることも必要だ。また、親が「わが子が大人になる前に死ぬことはない」とより自信を持てるよう、少なくとも村レベルの基本的な保健医療を提供することでもある。そして、どこで生活している女性であっても、性と生殖に関する健康と家族計画サービスにアクセスできる必要がある。

四番目の構成要素である「地球の自然のシステムと資源の回復」には、たとえば、水の生産性の向上によって地下水位の低下を食い止めるための世界的な取り組みが含まれる。それは、より効率の良い灌漑システムに変えていくことと、より水効率の良い作物に換えていくということだ。工業用水や都市用水に関して言えば、すでに一部では行なわれていること——つまり絶えず水をリサイクルすること——を世界的に行なうということになる。

いくつかの国ですでにそうしているように、世界中で森林伐採を禁止し、炭素を吸収させるために、何十億本もの木を植えるべきである。米国が一九三〇年代にダスト・ボウルに対応したように、土壌を保全するための世界的な取り組みが必要だ。

アース・ポリシー研究所の見積もりでは、人口を安定させ、貧困を根絶し、経済を支える自然のシステムを回復するための追加コストは、年に二〇〇〇億ドル弱である——世界の軍事支出のたった八分の一である。実際、文明の崩壊を避けるために必要な手段を網羅しているプランBの予算が、新しい安全保障の予算なのである。

現在、世界が直面している状況は、二〇〇八年と二〇〇九年の経済危機よりもさらに緊急の事態だ。私たちの将来を曇らせているのは、米国の住宅バブルではなく、水のくみ上げ過ぎや過剰な耕作による食料バブルである。このような食料の不確実性は、気候変動とより極端な天候事象によってますます大きなものとなっている。私たちにとっての課題は、プランBを単に実行することではなく、時間切れになる前に環境的な衰退に向かう道から軌道修正できるよう、すばやく実行することである。

一つ確かなことがある――私たちは、歴史上のいかなる世代よりも大きな変化に直面しているということだ。明らかでないのは、この変化がどこからやって来るかだ。私たちはこれまでどおりのやり方を続け、経済の衰退と拡大する混乱の時代に突入するのだろうか？　それとも、戦時中並みのスピードですばやく優先順位を組み直し、文明を維持できる経済路線へと世界を動かしていくのだろうか？

第I部
悪化しつつある基盤
A DETERIORATING FOUNDATION

第二章

地下水位の低下と収穫量の減少

水資源の枯渇が描く最悪の事態

一九七〇年代のアラブ諸国による原油禁輸措置が影響を及ぼしたのは、中東から輸出される石油だけではなかった。サウジアラビア国民は、自分たちは輸入穀物に大きく依存しているため、対抗措置としての穀物禁輸に対して脆弱であると気づいたのである。彼らは石油掘削技術を用いて、砂漠のはるか下にある帯水層まで掘り抜き、灌漑による小麦生産を行なった。そして数年のうちに、サウジアラビアは主食である小麦を自給自足できるようになっていた。

だが小麦の自給自足を二〇年以上続けたのち、二〇〇八年一月、サウジアラビアは、この帯水層がほぼ枯渇したため、小麦生産を段階的にやめていくと発表した。二〇〇七〜一〇年の間に、三〇〇万トン近くあった小麦の収穫量が一〇〇万トン未満にまで減少した。このペースでいけば、サウジアラビアで小麦が収穫されるのは二〇一二年で最後となり、その後は、三〇〇〇万近くの人口を養うのに、輸入穀物へと完全に依存することになるだろう。

サウジアラビアが異例の速さで小麦生産を段階的にやめていったのは、二つの要因による。一つは、この乾燥した国では、灌漑のいらない農業はほとんど存在しないということだ。そして、もう一つは、この国の灌漑はほぼ全面的に化石帯水層に依存していることである。化石帯水層は大半の帯水層と違い、降雨によって自然に涵養《かんよう》されることがない。サウジアラビアが都市への水供給に使っている脱塩海水は、あまりにも高くつくので灌漑には利用できない。

サウジアラビアは、国内で食料不安が高まっていることから、いくつかの国から土地を買ったり借りたりするまでに至っており、その中にはエチオピアとスーダン（訳者注：二〇一一年七月に南スーダンが独立。ただし、本書の数値は原著執筆時のものをそのまま使用）という世界で最も飢餓が深刻な二国が含まれている。実際、他国の土地や水資源を使って自国民のための食料を生産することを計画中である。

隣国のイエメンでは、雨水によって涵養される帯水層から、その補給ペースをはるかに上回る勢いで水がくみ上げられており、より深い化石帯水層も急速に枯渇しつつある。その結果、イエメン全土で、一年に約二メートルずつ地下水位が低下している。人口二〇〇万人の首都サヌアでは四日に一度しか水道水が使えず、それよりも小さい都市である南部のタイズでは二〇日に一度しか使えない。

世界で人口増加が最も激しい国の一つであるイエメンは、「水の弱国」になりつつある。地下水位の低下にともなって、穀物収穫量がこの四〇年間に三分の一も減少する一方で、需要は着実に伸び続けてきた。その結果、イエメンは現在、穀物の八〇パーセント以上を輸入している。わずかな石油輸出も減少しつつあり、これといった産業もなく、子どもたちの六〇パーセント近くが発育不全および慢性的な栄養不足状態にある、このアラブ最貧国を待っているのは、暗い未来である。

イエメンの帯水層が枯渇すれば、さらに収穫量が減少し、飢餓と水不足が広がるだろう。そしてその結果、おそらく社会の崩壊が起こるのではないだろうか。すでに国家としての破綻に瀕しているイエメンは、部族の縄張りが寄り集まった状態になり、どんなにわずかでも残っている水資源があれば、それをめぐって争うことになるかもしれない。イエメンの国内紛争が、無防備な長い国境を越えてサウジアラビアに飛び火する可能性もある。

「水赤字」は深刻な食料危機をもたらす

この二国は極端な例だが、ほかにも危険な水不足に直面している国は数多くある。世界は莫大な「水赤字」に陥りつつあるのだ。この水赤字はほとんど目に見えないもので、最近始まったものであり、急速に増大している。世界人口の半分にあたる人々が、帯水層の枯渇にともなって地下水位が低下している国々に住んでいる。そして、世界の水利用の七〇パーセントが灌漑用なので、水不足はすぐさま食料不足につながる。

世界の水赤字の原因は、過去半世紀の間に水需要が三倍に増えたことと合わせて、馬力のあるディーゼル・ポンプや電気ポンプが世界的に普及したことだ。こういったポンプが出現してはじめて、農家は、帯水層が降雨によって涵養されるよりも速く水をくみ上げられるようになったのである。

世界の食料需要が急激に高まるにつれて、無数の農家が収穫量を増やそうと灌漑用井戸を掘った。政府の統制がないなか、あまりにも多くの井戸が掘られた。その結果、中国、インド、米国――この三カ国の穀物生産量を合わせると世界全体の半分になる――をはじめとする約二〇の国々で、地下水位が低下しており井戸は枯れつつある。

帯水層の水を過剰にくみ上げて灌漑を行なっていると、食料生産量は一時的に膨らみ、〝食料生産バブル〟が生み出される。帯水層が枯渇するとはじけてしまうバブルだ。世界の穀物生産量の四〇パーセントは灌漑地で生産されているため、灌漑用水の供給量が減少する可能性は重大な懸念である。三大穀物生産国のうち、米国では穀物生産量の約五分の一が灌漑地でつくられている。インドでは五分の三で、中国に至っては約五分の四である。

灌漑用水の水源は二つある。地下水と表流水の二つだ。地下水の大部分は、降雨によって定期的に補給される帯水層から来るものである。ここから取り出す量が補給される量を超えない限り、永遠に揚水を続けることができる。しかし帯水層の中で、数は少ないながらほかとは明らかに異なるのが化石帯水層だ。この水は大昔に蓄えられたものである。この帯水層は涵養されないので、水をすべてくみ上げしてしまうと灌漑も終わりになる。とくに有名な化石帯水層は、米国の大草原地帯の下にあるオガララ帯水層と、前述のサウジアラビアの帯水層、中国華北平原の地下深くにある帯水層である。

それに対して、表流水は通常、河川のダムに蓄えられたのち、用水路網を通じて農地に送られる。歴史を振り返ってみると、世界の大規模ダムの多くが建設された一九五〇年から七〇年代半ばまでの時期にはとくに、主にこの水のおかげで世界の灌漑地が増えたのだった。だが七〇年代になると、新しくダムを建設できる用地が減ってきたため、ダム建設より地下水利用のための井戸を掘ることで灌漑地が増えることとなった。

農家は、選べるのであれば自家井戸を持つことを選ぶ。中央管理型の大規模な灌漑システムではできないやり方で、送水の時期も量も管理できるからだ。ポンプがあれば農作物が必要とするときに水を送ることができるので、河川から引水する大規模な灌漑システムに比べて収量を高めることができる。世界の穀物需要が高まるにつれて、世界中の農家が「この地域の帯水層が支えられる井戸は何本か？」をほとんど気にすることなく、どんどん灌漑用の井戸を掘った。その結果、地下水位が低下し、何百万もの井戸が枯れつつあるか、枯れる寸前になっている。

灌漑用地の開拓に限界が近づく米国

世界中で灌漑用水が不足しつつあるが、そこにはかなり恐ろしい側面が二つある。一つは、多くの国で同時に地下水位が低下していることだ。もう一つは、水需要の増大がひとたび帯水層の涵養ペースを超えると、持続可能に補給される水量を上回る需要の超過分は年々大きくなっていくということである。つまり、くみ上げ過ぎの結果として起こる水位の低下も毎年大きくなっていく。水需要の増加は概して指数関数的――おおむね人口増加の関数――なので、帯水層の減少も指数関数的である。はじめは気づくか気づかないか程度だった年間の地下水位の低下が、急激に進行していくかもしれない。

とりわけ心配なのは、三大穀物生産国での灌漑用水の供給量が減少していることだ。今までのところ、この三カ国は全国レベルでの収穫量は何とか落とさずにきているが、帯水層からのくみ上げ過ぎを続ければ、ほどなくその影響が出てくるだろう。米国でとくに灌漑が盛んな州の大部分では、灌漑面積がすでに頭打ちになって減り始めている。歴史的に〝灌漑先進州〟だったカリフォルニア州では、帯水層の枯渇と急成長する都市へ水を送るために灌漑用水が使われるようになったことがあいまって、一九九七年には約三万六〇〇〇平方キロメートルあった灌漑面積が、二〇一〇年には約三万平方キロメートルに減少したと推定されている。テキサス州の灌漑面積は、一九七八年に約二万八〇〇〇平方キロメートルでピークを迎えたのち、「テキサスのパンハンドル《フライパンの取っ手》」と呼ばれるテキサス州最北部地域の大部分を支えるオガララ帯水層が枯渇するにつれて、約二万平方キロメートルにまで減少した。

アリゾナ州、コロラド州、フロリダ州などでも灌漑面積が減少している。コロラド州では、過去一〇年ほどの間に灌漑面積が一五パーセント減少した。同州の研究者たちは、二〇〇〇年から二〇三〇年の間に一六〇〇平方キロメートルの灌漑地が失われると予測している。一割以上の減少である。この三つの州はどれも、帯水層の枯渇と灌漑用水の都市中心部への転用のダブルパンチを浴びている。そして今では、ネブラスカ州やアーカンソー州など、急速に拡大を続けていた州でも灌漑面積が増えなくなり始めているので、米国全体での灌漑面積の増加は見込めなくなっている。大草原地帯やカリフォルニア州セントラル・バレーの地下帯水層が枯渇するにつれて地下水位が低下し、さらに南西部の急成長中の都市がますます多くの灌漑用水を使うようになっているので、米国の灌漑面積はすでにこれ以上増えないところにきたように思われる。

食料バブル崩壊が目前に迫るインド

インドはさらにずっと困難な状況に直面している。二〇〇五年の世界銀行の調査報告によると、インド国民一億七五〇〇万人への穀物供給は過剰な水のくみ上げによって生産されたものだった。この状況は広がっている——多くの州で地下水位が低下し、井戸が枯れているのだ。パンジャブ州とハリヤナ州も例外ではない。この二州は穀物生産の余剰を生み出している州であり、インドの低所得消費者向けの大規模な食料配給計画用の小麦の大部分と、米の多くを供給しているのである。

信頼できる最新情報を入手するのは必ずしも容易ではない。だが、広範囲にわたって水が過剰にくみ上げられていること、地下水位が低下していること、井戸が枯れつつあること、経済的に余裕のある農家はさらに深く井戸を掘っていること——「どん底めがけての競争」と言われている——は明らかである。

インドの灌漑面積は今でも拡大を続けているのだろうか？　それともすでに減少し始めているのだろうか？　独立した研究機関の調査によると、いまだに拡大を続けていると考えられる理由はほとんどなく、米国同様、インドでも主要な州での数十年にわたる過剰なくみ上げが、灌漑用水の供給量を減らすほどの規模で帯水層の枯渇を引き起こしていると考えられる理由が十分にあるという。水が膨らませてきたインドの〝食料バブル〟は、今にも破裂しそうな状態かもしれない。

中国「最後の水がめ」は枯れる寸前

中国では、灌漑に広く用いられているのは表流水だが、一番の懸念は国の北半分である。この地域は降雨が少なく、あらゆるところで地下水位が低下しているのだ。きわめて生産性の高い華北平原も例外ではない。上海のすぐ北から北京のはるか北まで広がっている華北平原は、中国の小麦生産量全体の半分とトウモロコシ生産量全体の三分の一を生産している。

華北平原で水が過剰にくみ上げられているということは、約一億三〇〇〇万の中国人が食べている穀物は持続可能でない水利用によって生産されているということだ。この地域の農家は二つの帯水層から水をくみ上げている。いわゆる〝浅い帯水層〟——涵養されるがほぼ枯渇している——と深い化石帯水層だ。化石帯水層が枯渇してしまえば、その水に頼ってきた灌漑農業は続けられなくなり、農家は降雨に頼る農業に戻らざるを得なくなるだろう。

ほとんど知られていないのだが、一〇年前に北京の地質環境監測院が地下水調査を行なっている。その報告によれば、華北平原の心臓部にあたる河北省にある深部帯水層では、二〇〇〇年に平均水位が二・九メートルも低下したという。同省のいくつかの都市の周辺では、六メートル低下したところもある。地質環境監測院の地下水監視チームを率いる何慶成は、華北平原にある深部帯水層は枯渇し、「この地域は最後の水がめを失いつつあります」と述べている。これが唯一のバッファーなのだが。

二〇一〇年、『ワシントン・ポスト』紙のスティーブン・マフソン記者のインタビューに答えて、何慶成は、現在、北京の水需要の四分の三は地下水によって満たされていると語った。「北京市は、水に到達するために地下三〇〇メートルまで掘っており、これは二〇年前の五倍の深さです」。世界銀行は中国の水事情に関する報告書を発表しているが、そのいつになく強い語調を見ると、同氏と同じ懸念を抱いていることがわかる。「水の使用量と需要のバランスをただちに元に戻すことができなければ、『将来世代にとって破滅的結末』が待っているだろう」と書かれているのだ。

加えて、中国の水不足に瀕している都市や急成長を続ける工業部門が、利用可能な表流水や地下水資源を使う割合がますます大きくなっている。多くの場合、都市用水と工業用水の需要の増加を満たすには、農業用水を転用するしかない。

中国の灌漑面積はいつ減り始めるのだろうか？　その答えはまだ明らかではない。帯水層の枯渇と都市への水の転用によって、中国北部の灌漑面積が減少する恐れが出ているが、南西部の山岳地帯に建設中の新たなダムによって灌漑面積がいくぶん広がり、ほかの場所での縮小分を少なくとも一部は埋め合わせる可能性もある。しかし、中国の灌漑面積はすでにこれ以上増えないところにきているかもしれない——ということは、三大穀物生産国のすべてで灌漑面積がピークに達しているということだ。

中東の食料安全保障に猶予はない

水不足が食料の安全保障に最も差し迫った影響を及ぼしているのが、中東である。サウジアラビアのはじけつつある食料バブルや、イエメンの急速に悪化しつつある水事情に加えて、シリアとイラク——中東で人口が多いもう二つの国——もいくつもの水問題を抱えている。その中には、チグリス・ユーフラテス川の水量が減少したことが原因で起きているものもある。シリアもイラクも、これらの川から灌漑用水を引いているのだ。両河川の源流を握っているトルコでは、大規模なダム建設計画が進められており、そのために下流の水量は徐々に減少している。この三国はいずれも分水協定に参加しているが、水力発電と灌漑地の両方を拡張しようというトルコの野心的な計画は、下流に位置する二つの隣国を犠牲にして実現されている部分もある。

将来的に川の水量がどのくらい供給されるかがよくわからないため、シリアとイラクの農民はさらに多くの灌漑用の井戸を掘っている。このためどちらの国でも、過剰な水のくみ上げと、水が膨らませている食料バブルが生まれつつある。シリアの穀物収穫量は、二〇〇一年の約七〇〇万トンをピークに二〇パーセント減少した。イラクでは、二〇〇二年の四五〇万トンをピークに二五パーセント減少している。

人口六〇〇〇万のヨルダンでも、農業は危機的状況にある。四〇年ほど前には年間三〇万トンを超える穀物を生産していたのだが、現在の生産量は六万トンしかないため、穀物の九〇パーセント以上を輸入せざるを得なくなっている。中東で穀物生産量の減少を免れているのはレバノンだけだ。

イスラエルでは、水不足のために二〇〇〇年に小麦の灌漑を禁止したが、一九八三年以降穀物生産量は減り続けている。人口七〇〇万を抱える同国は、今では穀物消費量の九八パーセントを輸入している。

東に目を向けると、イランでも水供給が逼迫しつつある。七五〇〇万の人口の五分の一が、過剰に水をくみ上げて生産された穀物で養われていると推定される。イランの抱える食料バブルの大きさは、この地域で最大である。

このように人口が急増している中東で、世界ではじめての「人口増加と水供給量が地域レベルで衝突する状況」が生まれつつある。歴史上はじめて、ある地域の穀物生産量が急減しているのに、その減少を食い止めるものが何も見えないのだ。この地域の政府が人口政策と水政策をうまく噛み合わせられないために、現在、養うべき人口は毎日一万人増え、その人々を養うための灌漑用水は減り続けているのである。

人口二九〇〇万人の国アフガニスタンでも、地下水位が低下し井戸が枯れるにつれ、水不足が急速に広がりつつある。二〇〇八年、アフガニスタンの水・エネルギー省の高官、スルタン・マフムード・マフムーディは、「我が省の評価の結果、干ばつや水の使い過ぎをはじめとするいくつかの要因によって、この数年間で地下水資源の約半分が失われたことがわかった」

と述べた。この問題への対処は、より深い井戸を掘ることだが、これは避けることのできない最後の審判の日――帯水層が枯渇して灌漑地がはるかに生産性の低い乾地農法に戻る日――を先延ばししているにすぎない。より深く掘るというのは、問題の根治策ではなく対症療法である。人口急増中の内陸国であるアフガニスタンはすでに、その穀物の三分の一を輸入している。

農業用水を吸い取って繁栄する都市

これまでのところ、水資源の減少によって穀物収穫量が目に見えるほど減少しているのはすべて、人口の少ない国々である。だがパキスタンやメキシコなど、増加する人口を同じく帯水層からのくみ上げ過ぎで養っている、中規模の人口を抱える国々はどうだろうか。

パキスタンは小麦の自給自足を維持しようと必死だが、この闘いに負けつつあるようだ。二〇一〇年に一億八五〇〇万だったこの国の人口は、二〇二五年には二億四六〇〇万に達すると予想されている。つまり一五年後には、六一〇〇万人多い人口を養おうというのだ。だがイスラマバードとラワルピンディという双子の都市周辺では、井戸の水位はすでに毎年一メートル以上低下している。パキスタンとインドの両国に広がる肥沃なパンジャブ平原の地下水位も低下している。パキスタンの二大灌漑用貯水池であるマングラ貯水池とタルベラ貯水池は、沈泥がたまってこの四〇年で貯水容量が三分の二になってしまった。世界銀行の報告書「Pakistan's

Water Economy: Running Dry（パキスタンの水経済：枯渇へ）」はこの状況を、「近代的成長を遂げているパキスタンは、水の脅威に直面している」と要約している。

一億一一〇〇万人を抱えるメキシコでは、水の需要が供給を上回りつつある。メキシコシティの水問題はよく知られているが、苦しんでいるのは農村部も同じだ。農業州のグアナファト州では、地下水位が年に一・八メートル以上低下している。北西部にある小麦生産が盛んなソノラ州ではかつて、農民たちは地下一二メートルの深さにあるエルモシヨ帯水層から水をくみ上げていた。現在では、一二〇メートル以上の深さからくみ上げている。メキシコでは、全取水量の五一パーセントが帯水層からの過剰なくみ上げによるものであるため、メキシコの食料バブルはまもなくはじけるかもしれない。

水が不足している現在の世界では、農民と都市の競争が激化している。この争いでは、水利用の経済学は農民には有利に働かない。食料生産には非常に多くの水を要するというだけの理由からだ。たとえば、鉄鋼一トンを生産するのに必要な水は一四トンにすぎないのに対し、小麦一トンの生産には一〇〇〇トンの水が必要だ。経済の拡大と雇用の創出にばかり気を取られている国々では、農業は他者への分配を終えたあとの残りしか受け取れない立場に置かれる。

世界全体で見ると、水利用全体の約七〇パーセントが灌漑用であり、二〇パーセントが工業用、一〇パーセントが生活用である。アジアや中東、北米の都市は、農家に水を求めるようになりつつある。これが明々白々なのが、インドの東海岸に位置する人口八〇〇万の都市チェンナイ（旧マドラス）だ。市政府が住民の多くに水を供給できないために、トラックに給水タンクを積んだ業者が現れた。農家から水を買い、それを水不足に喘ぐ都市住民のところまで運んで、繁盛しているのだ。

都市に近い農家にとってみると、水の市場価格は、自分たちがその水で生産できる農作物の価値をはるかに上回っている。悪いことには、チェンナイに水を運んでいる一万三〇〇〇台のタンク車は、この地域の地下水資源をくみ上げているのだ。地下水位は低下しつつあり、浅い井戸は枯れてしまった。最終的には深い井戸も枯れ、このあたりの地域社会は食料供給と暮らしの両方を奪われることになるだろう。

勝ち目のない水戦争に敗れ去る農家

水供給が逼迫している米国南部の大草原地帯と南西部では、都市と数千に及ぶ小さい町の水需要を満たすには農業から水を回すしかない状態だ。カリフォルニア州で発行されている月刊誌『ウォーター・ストラテジスト』では、数ページを割いて米国西部の水販売状況の一覧を掲載している。休日を除けば、水の取引が行なわれない日はほとんどない。一九八七年から二〇〇五年まで二〇〇〇件以上行なわれた水の転用について、アリゾナ大学が調査したところによると、一〇件のうち少なくとも八件は、個人農家や灌漑地域が都市や地方自治体に水を売るものだったという。

コロラド州に世界で最も活発な水市場の一つがある。多くの移民を受け入れて急成長している都市や町が、農家や牧場主から灌漑水利権を購入しているのだ。同州の南東四分の一を占めるアーカンザス川上流域では、すでにコロラド・スプリングス市とオーロラ市（デンバー郊外）がこの流域にある農地の三分の一に対する水利権を購入した。オーロラ市は、コロラド州のアーカンザス・バレーにある約九三平方キロメートルの農地の灌漑にかつて使われていた水の利権を購入している。

さらに大規模な買い上げを行なっているのがカリフォルニアの都市だ。二〇〇三年、サンディエゴ市は、インペリアル・バレー近隣の農家から年間二億四七〇〇万トンの水利権を購入した。これは、農地から都市への水転用としては米国史上最大の規模である。この契約はその後七五年間にわたるものだ。そして二〇〇四年には、カリフォルニア州南部の数市に住む約一九〇〇万人に水を供給する南カリフォルニア都市圏水道公社は、その後三五年にわたって農家から年間一億三七〇〇万トンの水を購入する交渉を行なった。灌漑用水がなければ、これらの農家が所有する非常に生産性の高い土地はただの荒れ地である。売り手側は農業を続けたいとは思うものの、当局はその水に対して、農家が灌漑農業で得られるであろう利益をはるかに上回る額を提示している。

政府によるあからさまな接収であれ、農家に対して市が提示する高値であれ、市が農家には経済的に不可能な深さまで井戸を掘ることによってであれ、世界の農家は水戦争に負けつつある。農家にとってはたいていの場合、水供給量が減少しつつあるなかで、水を使える割合も減少する結果になっている。農家は毎年増加する約八〇〇〇万人を養おうとしているにもかかわらず、急成長する都市はゆっくりだが着実に、世界の農家から水を吸い取っているのだ。

北アフリカや中東のように、ほぼすべての水の行き先が決まっている国々では通常、都市が入手できる水の量を増やすには灌漑用から転用するしかない。そして穀物生産量の減少を埋め合わせるために穀物を輸入する。一トンの穀物を生産するには一〇〇〇トンの水を必要とするので、穀物の輸入が最も効率的な水の輸入方法なのである。こうした国々は実質的に、穀物を用いて自国の水勘定の収支を合わせているわけだ。同様に、穀物の先物取引を行なうということは、ある意味では水の先物取引を行なうことである。世界の水市場がある限り、それは世界の穀物市場と一体になっているのだ。

水供給へのこうしたあらゆる圧力が、個々の国々や世界全体で、どのように穀物生産量に影響を与えているのだろうか？　灌漑面積は増加しているのだろうか、それとも減少しているのだろうか？　減少しているのだとしたら、その減少速度は技術進歩による増収を上回っていて、絶対量としての穀物収穫量は減少しているのだろうか？　それとも増加が減速しているだけなのだろうか？

選択しなければならないとき

今日、世界人口の半数以上が食料バブルの膨らんでいる国に住んでいる。それぞれの国にとって、問題はそのバブルがはじけるかどうかではなく、いつはじけるのか、そして政府はどのようにそれに対処するのか、だ。政府は穀物を輸入して生産量の減少を埋め合わせることができるのか？　これらの国の中には、このバブルの崩壊はおそらく破滅的なものになる国もあるだろう。世界全体にとっては、帯水層の枯渇にともなっていくつかの国で食料バブルがほぼ同時にはじけると、手に負えないほどの食料不足が生じる可能性がある。

この状況は、食料の安全保障と政治の安定に差し迫った脅威を与えるものだ。私たちは選択しなければならない。今までどおり水のくみ上げ過ぎを続けて、その結果に苦しむこともできる。または、水の生産性を高めることによって帯水層を安定させる世界的な取り組み——半世紀前に、穀物耕作地の生産性を高める取り組みが組織的に展開され大成功を収めたが、それを模範として——を始めることもできる。

第三章

土壌の侵食と砂漠の拡大

都市を襲う砂嵐の脅威

二〇一〇年三月二〇日、息を詰まらせるほどの砂嵐が北京を包み込んだ。北京の気象局は、大気の質は危険な状態であるとして、市民に対して「外出を避けるように。外出する際には顔を覆うように」と勧告する異例の措置をとった。視界が悪く、車を運転する人たちは昼間でもライトを点けて走らざるを得なかった。

影響を受けたのは北京だけではなかった。この三月二〇日の砂嵐は、五つの省の数十都市を巻き込み、二億五〇〇〇万を超える人々に直接的な影響を与えた。このような砂嵐に襲われたのはこのときだけではない。毎年春、北京や天津など中国東部の都市では砂嵐が吹き始めると動きがとれなくなってしまう。息苦しくなったり砂塵が目に突き刺さったりするのに加えて、家の中に砂埃《すなぼこり》が入らないようにしたり、戸口や歩道の砂埃を掃除したりするための四苦八苦が続く。生計手段が吹き飛ばされてしまう農業や牧畜を営む人たちは、さらに高い代償を払っている。

毎年やって来るこのような砂嵐は、中国だけでなく近隣諸国にも影響を及ぼしている。三月二〇日の砂嵐は、北京を去ったのち韓国に到達した。韓国気象庁はこれを「観測史上最悪の砂嵐」だと形容した。

『ニューヨーク・タイムズ』誌の詳細な記事の中で、ハワード・フレンチは、二〇〇二年四月一二日に韓国に到達した中国の砂嵐について書いている。フレンチによると、韓国は中国からのものすごい量の砂埃に呑み込まれたため、ソウル市民は文字どおり、息をするにも喘いでいたという。学校は休校になり、空の便は欠航となった。そして病院は、呼吸困難を訴える患者であふれかえった。小売の売上は落ち込んだ。韓国の人たちは、彼らが「第五の季節」と呼ぶもの――晩冬から早春にかけての砂嵐――の到来をひどく恐れるようになった。

そして、状況は悪化を続けている。韓国気象庁の報告によると、ソウルが『『砂嵐に関する事象』の被害を受けた日数は、一九七〇年代には二三日、八〇年代には四一日、九〇年代には七〇日、そして二〇〇〇年以降はこれまでのところ九六日」だという。

土壌侵食は「物言わぬ地球の危機」

中国と韓国に住む人々にとって砂嵐はすっかり馴染みのものになっているが、世界のそのほかの国々が、この急激に拡大する自然災害を知るのは通常、土を大量に含んだ大規模な嵐が中国や韓国をあとにしたときである。たとえば、二〇〇一年四月一八日、米国西部――アリゾナ州境から北はカナダまで――が砂埃ですっぽりと覆われた。それは、四月五日に中国北西部からモンゴルにかけて発生した巨大な砂嵐がもたらしたものだった。

九年後の二〇一〇年四月、米国航空宇宙局（ＮＡＳＡ）の人工衛星が、中国で発生した砂嵐が米国東海岸まで進んでいくのを追跡した。その砂嵐はタクラマカン砂漠とゴビ砂漠で発生し、最終的にはノースカロライナ州からペンシルベニア州にまで及ぶ地域を覆った。こういった巨大な砂嵐の一つひとつが中国の表土を数百万トンも運び出していくが、その代わりの表土が形成されるまでには何百年もかかるだろう。

地球の地面の大部分を覆っていて、たいていはセンチメートル単位で測られるような薄い表土層は、文明の基盤である。地形学者のデイビッド・モンゴメリーは著書『土の文明史』（片岡夏実訳、築地書館、二〇一〇年）の中で、土は「地球の皮膚――地質学と生物学の境界」だと書いている。地球の誕生後、地質学的な時間をかけて、岩が風化することでゆっくりと土壌が形成された。陸上の初期の植物を養ったのがこの土壌だった。植物が広がるにつれて、植物が風雨による侵食から土壌を守ることで土壌が堆積し、さらに多くの植物を養えるようになった。この関係が、多様性に富んだ植物や動物を養うことができる表土の堆積を促進したのである。

耕作地における土壌侵食の進行が新たな土壌形成の速度を上回らない限り、何も問題はない。だが、いったん上回ってしまうと、地力の低下をもたらし、ついには土地は放棄されてしまう。悲しいことに、地質学的な時間をかけて形成された土壌が、人間の時間尺度で取り去られているのだ。

ジャーナリストのスティーブン・リーヒは『アース・アイランド・ジャーナル』誌に、土壌侵食は「物言わぬ地球の危機」だと書いている。「それは車のタイヤが摩耗するようなものだ。気づかれずに徐々に進行するプロセスで、あまりに長い間無視し続けると破滅的な結末を招く可能性がある」と言う。

生産性の高い表土を失うということは、土壌中の有機物とその土地に生育している植物の両方を失うということだ。そうすると、大気中に炭素が放出されることになる。オハイオ州立大学の土壌科学者であるラッタン・ラルによれば、土壌中に貯留されている炭素は二兆五〇〇〇億トンであり、大気中の七六〇〇億トンに比べてはるかに多い。つまり、土地の劣化は気候変動を推し進める一端を担っているのだ。

土壌の侵食は、今に始まったことではない。地球そのものと同じぐらいの歴史がある。昔と違うのは、農業が始まって以降、侵食が徐々に加速してきたという点だ。ある時点で――おそらく一九世紀の間に――侵食によって失われる表土の量が、自然のプロセスの中で形成される新たな土壌の量を上回った。

砂嵐は砂漠化への最終段階

今日、世界の耕作地のおよそ三分の一が、行き過ぎたペースで表土を失っており、その結果、その土地が本来持っている生産性が損なわれつつある。土壌侵食が米国の作物収穫量に与える影響に関するいくつかの研究を分析した結果、表土が三センチメートル失われるごとに、小麦とトウモロコシの収量は六パーセント近く減少すると結論づけられた。

二〇一〇年八月、国連は、砂漠化の影響はいまや地球上の陸地部分の二五パーセントに及んでいると発表した。そして、それは一〇億以上の人――およそ一〇〇カ国の農業や牧畜を営む家族――の暮らしを脅かしている。

砂嵐は土壌侵食と砂漠化をはっきりと目に見える形で示す証拠となる。過放牧または過耕作によってひとたび植物がなくなると、風が小さな土の粒子を吹き飛ばすようになる。その粒子は小さいので、空中に漂いながら長い距離を移動することができる。土の小さな粒子の大部分が飛んでいってしまうと、残っているのは大きな粒子だけとなり砂嵐が始まる。これらは局所的な現象であり、砂丘ができたり、農業も放牧も放棄されるなどの結果になることが多い。砂嵐は砂漠化のプロセスの最終段階なのである。

米国のダスト・ボウルの場合のように、表土を脅かす原因が主に過耕作である場合もあるが、中国北部など、過放牧が主な原因である場合もある。どちらの場合も、永久植生が破壊され、土壌が風雨による侵食に対して脆弱になってしまう。

巨大なダスト・ボウルの歴史は浅く、二〇世紀になる前はほとんど見られなかった。一九世紀後半、何百万もの米国人が西へと押し寄せると、大草原地帯に入植し小麦を生産するために広大な面積の草地を耕した。その多くは鋤《すき》が入るとすぐに侵食されてしまう土地で、草地のままにしておくべき土地だったのだが、長引く干ばつがこの行き過ぎた拡大を後押しし、ついには一九三〇年代のダスト・ボウルに至ったのである。それはジョン・スタインベックの小説『怒りの葡萄』（大久保康雄訳、新潮文庫、一九六七年）に出てくる、心に深い傷を残すような時代だった。米国はその土壌を守るための突貫計画によって、広大な面積の侵食された耕作地を草地に戻し、帯状栽培を採用し、数千キロメートルもの防風林を植えた。

三〇年後、ソビエト連邦で歴史は繰り返された。ソ連は一九五〇年代後半に、穀物の増産に総力を挙げて取り組み、オーストラリアとカナダの小麦栽培面積の合計にほぼ等しい面積の草地を耕作した。その結果、ソ連の農学者が予言していたように、生態学的災害を招いた。ここでもダスト・ボウルが起こったのである。

この「ソビエト未開墾地計画」の中心地だったカザフスタンでは、一九八〇年代半ばに穀物栽培面積が二五万平方キロメートル超でピークに達したのち、一九九九年には一一万平方キロメートル足らずまで減少した。現在、穀物栽培面積は緩やかに増加しており、一七万平方キロメートルにまで回復している。だが残っている耕作地でも、一万平方メートル当たりの小麦の平均収量はかろうじて一トンであり、西欧の主要小麦生産国であるフランスの農家の一万平方メートル当たり七トンという収量をはるかに下回っている。

中国を侵攻する「砂漠のM&A」

今日、二カ所で巨大な砂塵嵐が発生している。一カ所は、アジアの心臓部である中国北部および西部、モンゴル西部、中央アジアだ。もう一カ所は、サヘル地域――アフリカを横断するサバンナに似た生態系で、サハラ砂漠と南方の熱帯雨林を分離している――の中央アフリカである。両方の砂塵嵐とも規模が非常に大きく、過去に世界が経験したどの砂嵐もちっぽけに見えてしまうほどだ。その原因は多かれ少なかれ、過放牧や過耕作、森林伐採である。

中国は最大の難題に直面する可能性がある。一九七八年の経済改革後、農業を担うのが人民公社による規模の大きな生産集団から個々の農家になったのち、中国の牛、羊、ヤギの数は急激に増加した。同規模の放牧を支えられる力を有する米国には、九四〇〇万頭の牛がおり、中国の九二〇〇万頭をわずかに上回っている。だが、羊とヤギの数は、米国では合わせてわずか九〇〇万頭であるのに対し、中国は二億八一〇〇万頭だ。これらの家畜は中国西部と北部の省に集中しており、その土地を守ってくれる植物を地面からむしり取っている。仕上げは風である。土を運び去り、放牧地を砂漠に変えてしまうのだ。

世界有数の砂漠学者である王濤の報告によると、一九五〇～七五年には、年に平均して約一五〇〇平方キロメートルの土地が砂漠化した。七五～八七年になると、その面積は年に約二一〇〇平方キロメートルにまで増加した。それから二〇〇〇年までの間には急激に増え、年に約三六〇〇平方キロメートルの土地が砂漠化している。

中国は今、戦争状態にある。領土を主張しているのは侵略軍ではなく、拡大を続ける砂漠だ。以前からある砂漠は前進を続け、新しい砂漠も不意に襲いかかってくるゲリラ部隊のように生まれつつあり、中国政府はいくつもの前線で戦わざるを得なくなっている。

「Desert Mergers and Acquisitions（砂漠のM＆A）」という米国大使館の報告書では、衛星画像から、中国中北部の二つの砂漠が拡大して合体し、内モンゴルと甘粛省にまたがる一つの大きな砂漠を形成しつつある様子を示している。その西の新疆ウイグル自治区では、タクラマカン砂漠とクムタグ砂漠というさらに大きな二つの砂漠も、〝合併〟に向かって進んでいる。この二つの砂漠の間にあって縮小し続けている地域を走る幹線道路は、たびたび砂丘に埋もれてしまう。

大きな砂嵐が都市を襲うとニュースになるが、深刻な被害を受けるのは発生場所の地域だ。こういった地域は砂と塵がいっしょになった嵐に見舞われる。ある学術論文には、一九九三年に中国北西部の甘粛省で起こった砂嵐のことが、細部にわたって生々しく書かれている。この激しい砂塵嵐によって視界はゼロになり、昼間の空が「冬の夜のように暗かった」という。被害を受けた収穫前の農作物は、面積にして一七四〇平方キロメートル、四万本の木が損傷し、合わせて六万七〇〇〇頭の牛と羊が命を落とし、二七〇平方キロメートルものビニールハウスが吹き飛ばされ、負傷者は二七八人、死者は四九人に及んだ。鉄道では旅客用・貨物列車合わせて四二本が運休または遅延し、または停車したまま、砂嵐が行き過ぎて線路から大量の砂が除かれるのをただ待っていた。

インド、そしてアフリカでも拡大する砂漠化

中国が拡大し続ける砂漠と戦う一方、インドでは、世界全体の陸地面積の二パーセントあるかないかの国土で、世界人口の一七パーセントにあたる国民と、世界全体の一八パーセントにあたる牛を養おうと必死になっている。インド宇宙研究機関（ＩＳＲＯ）の科学者グループによると、インドの陸地面積の二四パーセントが徐々に砂漠化しているという。したがって、インドの多くの牛がやせ衰え、子どもたちの四〇パーセント以上が慢性的な飢えと低体重に苦しんでいるのも驚くにあたらない。

アフリカも、その耕作地と草地に対する持続不可能な要求から深刻な状態に見舞われている。ラッタン・ラルははじめて、大陸規模の土壌侵食による収量の低下を概算した。土壌侵食やそ

の他の土地劣化がアフリカの穀物に与える損害は、穀物の年間生産量のおよそ八パーセントにあたる年間八〇〇万トンにものぼるとの結論である。ラルの予想では、土壌侵食がこのまま抑えられなければ、二〇二〇年には損害は一六〇〇万トンまで増えるという。

サハラ砂漠の北縁では、アルジェリアやモロッコなどの国が、自国の肥沃な耕作地を脅かす砂漠化を食い止めようとしている。アルジェリアのアブデルアジズ・ブーテフリカ大統領は、「アルジェリアは毎年、砂漠化によって、最も肥沃な国土を四〇〇平方キロメートルも失っている」と言う。これは、耕地面積が二万八〇〇〇平方キロメートルしかない国にとって、決してわずかな損失ではない。アルジェリアでは、対策としてはとくに、最南端の耕地に果樹園やオリーブ園、ブドウ園など、多年生の作物——土壌をその場に保つ助けとなる——を植えている。

家畜数の伸びが人口の伸びと同じ道筋をたどっているこの大陸では、どこを見ても人口圧力の高まりが明らかである。一九五〇年、アフリカには二億二七〇〇万の人と約三億頭の家畜が住んでいた。二〇〇九年には、人口は一〇億人、家畜は八億六二〇〇万頭になった。今では畜産に必要な飼料が草地の環境収容力を五〇パーセント以上超えることも多く、草地は砂漠化しつつある。サヘル地域の一部では、過放牧に加え長期化する干ばつ——科学者はこれを気候変動に関連づけている——にも苦しんでいる。

アフリカにおける深刻な土壌侵食の証拠を見るためには、今では土壌が荒廃した国々を訪れる必要はない。新たに発生した砂塵嵐が巻き起こす砂嵐が衛星画像に克明に記録されるからだ。

二〇〇五年一月九日、NASAは中央アフリカから西へ移動する巨大な砂嵐の画像を公開した。この巨大な茶褐色の雲は五三〇〇キロメートル以上にわたって広がっていた。米国の東海岸から西海岸までをすっかり覆うほどの大きさである。

オックスフォード大学の地理学教授であるアンドリュー・グーディーの報告によれば、かつてはめったになかったサハラ砂漠での砂嵐の発生頻度は、この五〇年間に一〇倍に増加している。アフリカ諸国の中でも、風食による土壌喪失の影響を最も大きく受けているのは、ニジェール、チャド、モーリタニア、ナイジェリア北部、ブルキナファソである。アフリカ大陸の極西部に位置するモーリタニアでは、一九六〇年代前半には年に二回だった砂嵐の数が、最近では年に八〇回に急増している。

チャドのボデレ低地からは、年に推定一三億トンの土壌が風で運び去られている。これは一九四七年に測定が始まったときの一〇倍である。毎年、三〇億トン近くの細かい土の粒子が砂嵐となってアフリカから飛び去ることで、アフリカ大陸の地力と生物生産力がゆっくりと損なわれている。さらに、アフリカを離れた砂嵐は大西洋を横断して西に向かい、カリブ海に大量の砂塵を堆積させ、海水を濁らせ、サンゴ礁に被害を及ぼしている。

アフリカで最も人口が多いナイジェリアは、「毎年、放牧地と耕作地合わせて三五〇〇平方キロメートルを砂漠化で失っている」と報告している。ナイジェリアでは、一九五〇年から二〇〇八年の間に、人口は三七〇〇万人から一億五一〇〇万人へと四倍に増加したが、家畜の数は六〇〇〇万頭から一億四〇〇〇万頭へと一七倍に跳ね上がった。ナイジェリアの牛一六〇〇万頭と羊・ヤギ八八〇〇万頭に必要な飼料の量は、草地の持続可能な収量を上回っているため、この国の北部は徐々に砂漠化しつつある。もしもナイジェリアの人口が予測どおりに増加し続ければ、それにともなう土地の劣化が最後には牧畜や農業をだめにしてしまうだろう。

東アフリカでは、拡大する砂漠によってケニアが圧迫されている。人口三九〇〇万人のほぼ四分の一にあたる人々が砂漠化の影響を被っている。ほかの地域と同様、過放牧や乱伐、過耕作が合わさって土壌侵食が生じ、この国の貴重な、肥沃な土地が犠牲になっているのだ。

砂嵐に侵食される世界の現状

国連環境計画（UNEP）のチームの報告によると、アフガニスタンでは、シスタン盆地で「最大で一〇〇の村が風で運ばれてきた砂塵に埋もれてしまった」という。レギスタン砂漠は西に移動しつつあり、農業地域を侵食しつつある。アフガニスタンの北西部では、アム・ダリヤ川上流域の農地にまで砂丘が移動してきている。薪集めと過放牧のせいで土を押さえて安定させる植物が失われたため、砂丘の通り道ができたからだ。UNEPチームによれば、五階建てのビルほどある砂丘が道路をふさいでいるため、住民は新たなルートを築かざるを得なくなっているという。

アフガニスタンの農業灌漑牧畜省が出した報告書の文章は墓碑銘のようだ。「地力が衰えつつある……地下水位は大きく低下し、植生は激しく破壊され、風雨による土壌侵食が広がっている」。三〇年近くに及ぶ武力衝突とそれに関連した略奪と荒廃ののち、アフガニスタンの森林はほとんどなくなってしまった。南部の七州は、迫りつつある砂丘のせいで耕作地を失いつつある。そして、ほかの多くの破綻しつつある国家と同様、たとえアフガニスタンに適切な環境政策があったとしても、それを実施する法執行機関がない。

隣のイランには、中東の直面している圧力が如実に現れている。八〇〇〇万頭の牛と七九〇〇万頭の羊とヤギ——有名なペルシャ絨毯製造業への羊毛の供給源——を抱え、イランの放牧地は過剰飼育によって劣化している。南東部のスィースターン・バルーチェスターン州では、砂嵐で一二四の村が埋まり、人々は村を捨てざるを得なくなった。空中を漂う砂が牧草地を覆ったため家畜たちが餓死し、村人たちは生活の糧を奪われたのである。

一〇年近く続いた戦争と最近の干ばつに苦しむイラクでは、新たな砂塵嵐が生まれつつあるようだ。イラクは過放牧と過耕作に慢性的に悩まされているが、今では、川の上流に位置する近隣国——トルコ、シリア、イラン——のせいで灌漑用水を失いつつある。川の流量が減少したことに加えて、湿地帯が干上がり、灌漑用インフラは劣化しており、灌漑面積は減っているため、イラクは干上がりつつある。文明の発祥の地である肥沃な三日月地帯は、砂塵嵐と化しつつあるかもしれない。

イラクでは砂嵐の発生頻度が増している。二〇〇九年七月、「イラク史上最悪の砂嵐」と言われた砂嵐が数日間にわたって猛威を振るった。それが東進してイランに向かうと、イラン政府はテヘランの官庁や民間企業、学校、工場を閉鎖した。この新しい砂塵嵐は、中国北西部や中央アフリカを中心に発生しているものに比べれば小さいものの、それでもこの地域における不安を呼ぶ新たな事態である。

国民の健康は健全な土地に守られている

草地の健全性を評価するのに役立つ指標の一つは、「羊と牛の数に対するヤギの数の割合」の変化だ。草地が劣化するにつれて、通常は草が砂漠の低木に取って代わられる。このような悪化した環境では、牛や羊はうまくは生きていけないが、ヤギ——とりわけ丈夫な反芻動物である——は低木の上で餌を探しまわる。一九七〇年から二〇〇九年の間に世界全体で牛の数は二八パーセント増え、羊の数は比較的安定していたが、ヤギの数は二倍以上に増えた。

発展途上国の中にはヤギの数が激増している国がある。パキスタンでは、一九六一年から二〇〇九年の間に牛の数が二倍に増えた一方で、羊の数は三倍近くになり、ヤギに至っては六倍以上になって、今では牛と羊を合わせた数に等しくなっている。

国の表土が失われていくと、その国はついには自分たちを養う能力も失ってしまう。この問題に直面しているのは、レソト、ハイチ、モンゴル、北朝鮮などだ。

アフリカの最小国の一つであるレソトは、人口がわずか二〇〇万人であり、土壌の喪失に対する高い代償を払っている。二〇〇二年、この国の食料見通しを評価するため、国連のチームがこの地を訪れた。その所見はきわめて率直なものであった。「レソトの農業は破滅的な未来に直面している。穀物生産量は減少しており、土壌の侵食や劣化、地力の低下を好転させるための措置がとられなければ、国土の広範囲にわたって穀物生産がゼロになる可能性がある」

マイケル・グリュンワルドは『ワシントン・ポスト』紙に、レソトでは五歳未満の子どもの半数近くが発育不全だ、と書いている。「衰弱していて、歩いて学校に行くことのできない子どもがたくさんいる」と言う。過去一〇年間、レソトでは地力が低下するにつれて穀物収穫量が半分に減った。国の農業が崩壊しつつあることから、レソトは食料の輸入に大きく依存する国となってしまったのである。

西半球にあるハイチ――早くに破綻しつつある国家となった国の一つ――は四〇年前、穀物をほぼ自給自足していた。その後ハイチは、ほぼすべての森林と表土の多くを失い、穀物の半分以上を輸入せざるを得なくなっている。レソトとハイチの両国は国連の世界食糧計画(WFP)の救命措置に依存している。

似たような状況がモンゴルでも起こっている。この二〇年間に、小麦栽培面積の四分の三近くが耕作放棄され、小麦の収量も減り始め、収穫量は五分の一になった。モンゴルは今では、小麦の七〇パーセント近くを輸入している。

北朝鮮では大部分の森林が破壊され、洪水が引き起こす土壌侵食と土地の劣化に苦しんでいる。年間穀物収穫量は一九八〇年代の五〇〇〇万トンで頭打ちとなり、二〇〇〇~一〇年にはわずか三五〇万トンにまで減少している。

土壌侵食は人命という犠牲ももたらしている。土地が劣化しているのがハイチであろうと、レソトやモンゴル、北朝鮮であろうと、土壌を失いつつあるほかの多くの国のどこであろうと、国民の健康と土地そのものの健全性とを切り離すことはできないのだ。

第四章

上昇する気温、融ける氷、脅かされる食料安全保障

最高気温は計測不能

二〇一〇年八月五日、グリーンランド北西岸のペテアマン氷河から、面積二五〇平方キロメートルという氷山が生まれた。マンハッタン島の四倍の大きさを持つこの「氷の島」は、二〇一〇年後半にはグリーンランドとカナダの間に浮かんでおり、この海域の中心的な海流とともにゆっくりと南に向かって漂流している。この氷山の厚みはエンパイア・ステート・ビルの高

さの半分ほどもあるため、融けて崩れ、最終的に姿を消すまでには数年かかるかもしれない。

この巨大な氷が割れたニュースによって、グリーンランドの氷床に再び注目が集まった。科学者たちは数年前から、この氷床が加速度的な速さで融けていると報告し続けている。二〇〇七年、北極圏気候影響アセスメント（ACIA）のロバート・コレル委員長は、「私たちは、こういった氷河が海の中へと移動する速度が大幅に加速している様子を見てきた」と、グリーンランドから報告した。コレル委員長によると、幅約五キロメートル、奥行き約一・六キロメートルの先端部分の氷は、時速一・八メートルを超える速度で動いているという。

二〇一〇年八月、グリーンランドの氷床を監視する英国主導の調査隊のメンバーであるリチャード・ベイツは、「今年は、グリーンランドの融解の記録をさらに更新した年となりました。気温も氷床全体の融解も……過去の記録を上回ったのです」と述べた。

二〇一〇年に極端な事態を経験したのは、グリーンランドだけではなかった。一八カ国で最高気温の記録が塗り替えられたのだ。最高気温を記録した国の数自体が過去最多であり、二〇〇七年の一五カ国というそれまでの最高記録を上回った。パキスタン中南部のある地点が五月二六日に五三・三℃を記録したとき、それは国内での最高記録をつくったのみならず、アジアにおける史上最高気温の記録ともなった。

米国内では、ニューヨーク、フィラデルフィア、ワシントンを含む東海岸の数多くの都市が、観測史上最も暑い六〜八月に苦しめられた。ロサンゼルスでは、夏は比較的涼しく過ぎたが、九月二七日に過去最高の四五℃を記録し、その直後に公式の温度計が壊れてしまった。しかし、すぐ近くの地点では温度計が正常に計測を続け、四八・三℃というこの地域の最高気温を記録した。米国の気象データを見ると、地球が温暖化するにともなって、今では最低気温に比べて最高気温の記録は二倍出やすくなっている。

不安定に安定する気候

より厳しい熱波や、より猛烈な嵐、より破壊的な洪水といったパターンは、気候モデルが「地球の温度が上昇すると起こるだろう」と予測していることと一致している。私たちがこれまでどおりのやり方を続けていれば、ロシア史上最悪の熱波やパキスタン史上最悪の洪水のような異常気象が、また何度も起こることになるだろう。米国政府の指導的な気候科学者のジェームズ・ハンセンは、「もしも大気中の二酸化炭素濃度が産業革命以前のレベルである二八〇ppmのままであったら、こうした異常気象は起こっていただろうか?」と問いかけている。答えは「ほぼ確実にノーだろう」とハンセンは言う。

大気中の二酸化炭素濃度が上昇すれば、将来、気温はさらに高くなることが予想できる。この四〇年の間、地球の一〇年ごとの平均気温は上昇し続けてきたが、直近の一〇年間の上昇幅が最も大きかった。一般的に言えば、気温上昇は赤道地域より高緯度地域で、海上よりも陸地で、そして沿岸地域よりも内陸部で大きくなると予測されている。

地球の温度が上がるにつれて、気候のパターンも変わっていく。概して、気温が高くなるということは水の蒸発が増えるということであり、したがって降水量が増えるということだ。地球上のある部分ではより雨が降り、ある部分ではより乾燥するようになるだろう。季節風のパターンも変わるだろう。雨が増える地域は、カナダ、北欧、ロシアなどの高緯度の地域と東南アジアに集中するだろう。乾燥が深刻化するリスクがとくに高い地域は、地中海地域、オーストラリア、米国南西部などだ。

「気候が不安定であること」が新たな常態になりつつある。将来の気象状況を知るために、直近の気象傾向を手引きにできたのは昔の話である。私たちは予測のできない時代に足を踏み入れつつあるのだ。

光合成は気温四〇℃でも完全停止

高温が食料の安全保障に与える影響は恐ろしい。農業が現在の姿にまで発展してきた一万一〇〇〇年間は、実に驚くほど気候が安定していた。その結果、世界の農業はこの気候状況下で生産性が最大となるように発展してきたのである。気候が農業を形づくってきたのだが、地球の気候が変化していけば、農業と気候システムとの乖離がどんどん大きくなっていくだろう。

生育期間に気温が急に上昇すると、穀物の収量は低下する。作物生態学者たちが用いる大まかな経験則は、「生育期の気温が最適気温から一℃高くなるごとに、穀物収量は一〇パーセント減る」というものだ。

なかでも、気温は光合成に影響を与える。オハイオ州立大学のモハン・ワリとその同僚たちは、地域の生態系の持続可能性に関する研究の中で、「気温が二〇℃に達するまでは、気温上昇につれて植物中の光合成活動が増加する。そこで光合成の活発さは横ばいとなり、気温が三五℃を超えると低下し始める。そして、四〇℃になると光合成は完全に停止する」と述べている。

植物の一生の中でも、最も脆弱なのは受粉期だ。世界の三大主食――米、小麦、トウモロコシ――のうち、とりわけトウモロコシは熱のストレスに弱い。トウモロコシが繁殖するには、花粉が雄穂から落ちて、トウモロコシの実の端から出ている毛の房に付着しなければならない。この毛の房は、一本一本がトウモロコシの穂軸にある粒の部分につながっている。粒が大きくなるには、花粉の粒子が毛の房の上に落ちて粒までたどり着かなければならない。気温が異常に高いと、毛の房がすぐに乾燥しきって褐色になってしまい、受精プロセスでその役割を果たすことができなくなる。

気温がイネの受粉に与える影響については、フィリピンで詳細な研究がなされてきた。フィリピンにいる科学者たちは、イネは三四℃では一〇〇パーセント受粉するが、四〇℃になるとほぼ〇パーセントになり、不作を引き起こすと報告している。

氷床融解がさらなる気温上昇を招く

熱波が収穫量に大打撃を与える可能性があるのは明らかである。それに比べると、気温の上昇が食料供給に与えるそのほかの影響については、それほど明らかではないが、深刻であることに変わりはない。気温の上昇によって、すでに世界中で氷冠や氷河が融けている。巨大な西南極氷床も、グリーンランドの氷床も融けつつある。グリーンランドの氷冠は、あちらこちらであまりにも速いスピードで融けているため、数百万トンの大きな氷塊が割れて海中に滑り落ちるたびに小さな地震が誘発されている。

西南極氷床でも崩壊の勢いが増している。この氷床が崩壊しつつあることを示す最初の兆候の一つは、一九九五年に起こったラーセンA——南極半島にあった巨大な棚氷——の崩壊だった。その後、二〇〇二年三月にはラーセンBという棚氷が海に崩落した。ほぼ同じ時期に、スウェイツ氷河から五二〇〇平方キロメートル以上にわたって氷が崩れ落ちた。そして二〇一〇年一月、すぐ近くのロンネ・フィルヒナー棚氷から、ロードアイランドよりも広い面積が崩壊した。もし西南極氷床がすべて融けてしまったら、海面は約五メートル上昇するだろう。

北極では世界のどの地域よりも気温上昇の速度がずっと速い。アラスカ、カナダ西部、ロシア東部を含む北極地域の冬の温度は、この五〇年間に二・二〜三・九℃上昇した。北極地域におけるこの記録的な気温上昇によって、地球全体に影響を及ぼすほどの気候パターンの変化が起こる可能性がある。

北極海の海氷は過去二〇〜三〇年間に小さくなり続けている。今では、二〇一五年——今から五年もたたないうちに——には夏の北極海から氷がなくなるかもしれないと考える科学者もいる。そのときまでもう五年を切っている。気候科学者がこのことを心配するのは、アルベド効果があるからだ。太陽から射し込む光が北極海の氷にぶつかると、最大で七〇パーセントは反射して宇宙へと戻り、三〇パーセントだけが熱として吸収される。しかし、北極海の氷が融けて、氷よりもずっと濃い色をした海面に入射光がぶつかると、反射して宇宙に戻るのは六パーセントだけで、九四パーセントが熱に変換される。これによって、正のフィードバック・ループ——ある傾向がいったん特定の方向に動き出すと、自己増幅する状況——が生まれる。

夏に氷が完全になくなり、冬の氷も以前より小さくなったならば、北極地域ではさらに気温が上昇し、グリーンランドの氷床の融ける速度も確実に増すだろう。最近の研究によると、氷床と氷河の融解が合わさり、さらに海水温の上昇による熱膨張が加わった場合、二〇世紀の一〇〇年間に起こった海面上昇が一五センチメートルであったのに対し、今世紀中の上昇は最大で一・八メートルになる可能性があるという。

海面が九〇センチメートルほど上昇しただけで、世界人口の半数が住むアジアの米の収穫量は激減するだろう。人口一億六四〇〇万のバングラデシュでは田んぼの半分が水没し、ベトナムの米の半分を生産するメコン・デルタの一部が水に沈むだろう。タイに次いで第二位の米輸出国であるベトナムは、輸出に回せる余剰米を失う可能性がある。そうなれば、米をベトナムから輸入しているおよそ二〇の国々は、ほかの輸入先を探さなくてはならなくなるだろう。バングラデシュのガンジス・デルタとベトナムのメコン・デルタだけでなく、米を栽培しているアジアのほかの多くの河川デルタも、海面が九〇センチメートル上昇すれば、程度の差こそあれ水に沈んでしまうだろう。「はるか北大西洋の大きな島で氷が融けることで、世界の米の総生産量の九〇パーセントを生産しているアジアでの米の収穫量が減少する」というのは、直観的にはわかりにくいことだ。

もはや「天空の貯水池」には頼れない

氷床が融けている一方で、淡水の天然貯水池である山岳氷河も同じく融けている。世界の山岳地帯には雪や氷が大量にあり、そこに水が蓄えられているのは当たり前だった。農業が始まる以前からずっとそこにあったからだ。今、それが変わりつつある。私たちが地球の気温を上昇させ続ければ、非常に多くの農家や都市が頼りにしている「天空の貯水池」を失う恐れがある。

米国の人々は、それほど遠くまで出かけなくても、巨大な氷河が融けつつあるのを目にすることができる。一九一〇年、モンタナ州西部のグレイシャー国立公園が設立されたとき、公園内には一五〇の氷河があった。ここ数十年の間に、これらの氷河が次々と姿を消している。二〇〇九年末にはたった二七しか残っていなかった。二〇一〇年四月、国立公園局は、さらに二つの氷河が融けて残りは二五しかないと発表した。この公園内の氷河がすべて消えるのも時間の問題にすぎないと思われる。

ほかにも、東アフリカにあるキリマンジャロ山の氷河のような有名な氷河も急速に融け始めている。一九一二年から二〇〇七年までの間に、キリマンジャロの氷河は八五パーセント縮小した。この名所を守ろうにも、もはや手遅れだ。グレイシャー国立公園の氷河と同様、キリマンジャロの氷河も遠からず博物館の写真でしか見られなくなるかもしれない。

世界氷河監視サービスは、一九年連続で山岳氷河が縮小したことを発表した。アンデス山脈、ロッキー山脈、アルプス山脈、ヒマラヤ山脈、チベット高原など、世界中の主だった山岳地帯のすべてで氷河が融けている。

ヒマラヤやチベット高原の山岳氷河から融け出る水のおかげで、アジアの主要河川は、灌漑用水の需要が最大となる乾季にも流れを維持できている。インダス川、ガンジス川、黄河、長江の流域では、灌漑農業はこれらの川に大きく頼っており、乾季の水量が失われることは農家にとって悪い知らせなのだ。

急増する人口を養うことができるのか

このような氷河の融解と帯水層の枯渇があいまって、世界はこれまで直面したことがないほど深刻な食料安全保障への脅威を突きつけられている。中国は世界一の小麦生産国であり、インドは第二位だ（米国は第三位である）。米についていえば、中国とインドで世界の収穫量のほぼすべてを占めている。

インドでは、巨大なガンゴトリ氷河――乾季にもガンジス川が流れ続けることができるのはこの氷河のおかげである――が後退している。ガンジス川は、インドの表流水を用いる灌漑に対してほかのどの川よりもはるかに多くの水を提供しているだけでなく、ガンジス川流域に住む四億七〇〇〇万のインド国民の生活用水もまかなっている。

中国の氷河学の第一人者である姚檀棟の報告によると、今では中国西部のチベット高原にある氷河が加速度的に融けているという。規模の小さい氷河はすでに多くが消えてしまった。姚は、二〇六〇年にはこれらの氷河の三分の二が消えてしまうだろうと考えている。こういった氷河の融解が続けば、「ついには自然大災害を引き起こすだろう」と姚は言う。

黄河流域には一億四七〇〇万人が住んでいるが、中国の北半分は降雨量が少ないため、この人たちの運命は黄河と密接に関係している。長江は、ほかの河川よりはるかに大きな中国最大の大河であり、一億三〇〇〇万トンにのぼる中国の米収穫量の半分以上は、この川の力を借りて生産されている。長江流域には、三億六九〇〇万という、米国の全人口よりも多い人が住んでいる。

したがって、氷河が融けたり、ついには消えてしまった場合に影響を受ける人は、莫大な数にのぼるだろう。このように、乾季の川の流量が減少するという見通しが明らかになりつつあるが、それがどのような人口状況を背景に起こっているかを見ると衝撃的である。二〇三〇年には、インドの人口は現在の一二億人からさらに二億七〇〇〇万人増加すると推定され、中国の人口は現在の一三億人にさらに一億八〇〇〇万人が加わると予測されているのだ。中国とインドの農家は、水のくみ上げ過ぎによる帯水層の枯渇にともなって、すでに灌漑用水を失いつつある一方で、灌漑用の川の水も減少するという事態に直面しつつある。

氷河の水に依存するアンデス山脈の国々

最近、世界の穀物価格は記録的な高値まで上昇しているが、そこにインドや中国での水不足によって小麦や米が予定どおり収穫できないということになれば、両国の穀物輸入量は増加し、食料価格は跳ね上がるだろう。インドでも中国でも、氷河が姿を消し、乾季の流量が減少するにつれ、食料価格が高騰するだろう。インドでは、五歳未満の子ども全体の四〇パーセント余りが低体重と栄養不良だが、飢餓はさらに深刻化し、子どもの死亡率はおそらく上昇するだろう。

氷河が融けていく初期段階には、一時的に川の流量が増えるので、灌漑に利用できる水が増える可能性がある。帯水層の枯渇と同様に、氷河が融けることによって、短期的には自然ではない形で食料生産量を膨らませることができるのだ。しかしある時点で、氷河が縮小していき、小さくなった氷河が完全に消えてしまうと、灌漑に利用できる水もまったくなくなってしまう。

南米のペルーでは、氷河から流れ出した水が多くの川となり、乾燥した沿岸地域の農家や都市に水を供給しているが、その氷河の賦存《ふぞん》量の約二二パーセントを失っている。二〇〇七年に、オハイオ州立大学の氷河学者であるロニー・トンプソンは、一九六〇年代には年に六メートルずつ後退していたペルー南部のクエルカヤ氷河が年に六〇メートル後退していると報告した。二〇〇九年はじめに行なわれた『サイエンス・ニュース』誌とのインタビューの中で、トンプソンは「今では、氷河は一日に約四五センチメートルずつ、山の上のほうへと後退しています。つまり、そこに座っていれば、足元からなくなっていくのがわかるほどなのです」と語っている。

ペルーの氷河が縮小するにつれて、乾季の間、山から同国の乾燥した沿岸地域に供給される水量が減少するだろう。そこには人口の六〇パーセントが住んでいる。この地域にはリマがある。九〇〇〇万近い人口を抱え、カイロに次いで世界で二番目に大きい砂漠都市だ。国連のある調査報告には、水供給量が今後減少していくことを考えると、リマは「いつ危機が起きてもおかしくない状態」だと述べられている。

ボリビアでも、融けた氷で農家や都市に水を供給している氷河が急速に消失している。一九七五年から二〇〇六年の間に、氷河の面積は半分近く減少した。ボリビアの有名なチャカルタヤ氷河は、かつて世界で最も標高の高いスキー場だったが、二〇〇九年に消失した。

ペルー、ボリビア、エクアドルに住む五三〇〇万の人々にとって、山岳氷河がなくなり乾季に川の流れが途絶えてしまうと、食料の安全保障と政治的安定が脅かされることになる。この地域の農家が、これらの消えつつある氷河から流れ出る川の水を使って小麦やジャガイモの大半を生産しているというだけでなく、この地域の電力のゆうに半分以上を水力発電が供給しているのだ。現在のところ、これらのアンデス山脈の国々ほど、山岳氷河の融解による影響を受けている国はほとんどない。

米国にもたらされる悪夢のシナリオ

世界の農業地域の多くでは、灌漑用水や飲料水の主な水源は雪である。たとえば米国南西部では、この地域の灌漑用水の主要な水源であるコロラド川は、その流量の多くをロッキー山脈の雪原に頼っている。カリフォルニア州の場合、コロラド川に大きく依存しているだけでなく、「米国のフルーツバスケット」と呼ばれるセントラル・バレーへの灌漑用水の供給源として、シエラ・ネバダ山脈からの雪融け水にも頼っている。

気温上昇が米国西部の三大水系（コロンビア川、サクラメント川、コロラド川）に及ぼす影響の予備分析を見ると、これらの川の水源となっている山に冬の間に積もる雪が大幅に減少し、冬季の降雨量と洪水が増加することがわかる。これまでどおりのエネルギー政策をとり続ける場合、今世紀半ばには米国西部の積雪量が七〇パーセント減少する、と世界の気候モデルは予測している。ワシントン州の広大な果物生産地であるヤキマ・リバー・バレーに関する詳細な調査結果を見ると、積雪量が縮小して灌漑用水の流量が減少するにつれて、収穫量の減少がどんどん深刻になっていく。

アフガニスタン、カザフスタン、キルギスタン、タジキスタン、トルクメニスタン、ウズベキスタンといった中央アジアの国々の農業は、ヒンドゥー・クシュ山脈、パミール山脈、天山山脈からの雪融け水に灌漑用水の多くを頼っている。すぐ近くのイランは、水の大部分を、テヘランとカスピ海の間にある標高五七〇〇メートルのアルボルズ山脈の雪融け水から得ている。

山岳氷河が姿を消し続け、そのため氷河から融け出る水量が減少するので、世界でも人口密度の高い国々から、空前の水不足と政治不稳が生まれる国が出てくるかもしれない。中国はすでに食料価格のインフレを抑えようと必死だが、食料供給が逼迫すれば社会不安が広がる可能性がある。

米国人から見れば、チベット高原の氷河が融けることは中国の問題に思えるだろう。確かにそうだ。だが、その他全員に関わる問題でもある。米国の消費者にとっては、この氷河の融解は悪夢のシナリオをもたらす。もしも中国が、この一〇年間に大豆についてそうしてきたように、大量の穀物を求めて市場参入するとしたら、その買い付け先は必然的に、圧倒的な世界最大の穀物輸出国である米国になるだろう。「急速に所得を伸ばしている一三億の中国人が、米国の穀物の収穫をめぐって米国の消費者と争い、それによって食料価格が高騰する」という見通しはあまり魅力的なものではない。

文明崩壊は穀物収穫量の減少から始まる

一九七〇年代に世界の食料供給が逼迫して、米国の食料価格が受け入れ難いほどに高騰していた頃、米国政府は穀物の輸出を制限した。しかし、中国に関する限り、この選択肢はない。毎月、米国の財政赤字を補填するために財務省が国債を入札で売却する際、中国は大口購入者の一つなのだ。現在、米国債を九〇〇〇億ドル近く保有している中国は、〝米国向けの銀行〟になってきた。好むと好まざるとにかかわらず、米国の消費者は自国の穀物収穫量を中国の消費者と分け合うことになるだろう。チベット高原の氷河が縮小することによって、いつか米国のスーパーマーケットのレジで支払う食料価格が高騰するかもしれない――こう考えても、私たちの世界がいかに複雑かがわかる。

皮肉なことに、新たな石炭火力発電所の大部分を建設する計画を進めている二カ国――中国とインド――は、石炭の燃焼から発生する二酸化炭素によって食料の安全保障が最も深刻に脅かされているのだ。いまや、石炭火力発電所からエネルギー効率の向上や風力発電所、太陽熱発電所、地熱発電所へと早急に投資をシフトさせることで自国の山岳氷河を守ろうとすることは、両国にとって大事なことである。

衰退したり崩壊した過去の文明の研究から、多くの場合、その原因は収穫量の減少だったことがわかっている。シュメール人にとって、小麦と大麦の収穫を減少させ、ついにはこのすばらしい古代文明を崩壊させたのは、土壌中の塩分濃度の上昇だった。私たちにとっては、地球の気温を上昇させ、最終的には穀物収穫量を減少させて、この世界文明を崩壊させる可能性があるのは、大気中の二酸化炭素濃度の上昇なのである。

第Ⅱ部
その結果
THE CONSEQUENCES

第五章

食料不足という政治問題の出現

食料をめぐる悲惨な暴動

二〇〇七年はじめから二〇〇八年までに、世界の小麦・米・トウモロコシ・大豆の価格はそれぞれ、それまでの最高値の三倍ほどに上昇した。食料価格が値上がりするにつれ、多くの国で社会秩序が機能しなくなり始めた。タイのいくつかの県では、米泥棒《こめ》が夜陰に乗じて実った田のイネを刈り取り、穀物を盗んだ。遠くに田んぼを持つ村人たちは、米泥棒に対抗すべく猟銃に弾を込めて夜警を始めた。

スーダンでは、ダルフールの難民キャンプで二〇〇万人に穀物を提供していた国連世界食糧計画（WFP）が、困難な任務に直面することになった。二〇〇八年の一月から三月までの間に、穀物を積んだトラックが五六台も乗っ取られたのである。飢餓救援の取り組みそのものが動かなくなってしまった。パキスタンでは小麦粉の価格が二倍になり、食料安全保障は国家的な関心事となった。何千人もの武装したパキスタン部隊が、穀物倉庫や小麦運搬トラックの警護に配置された。

所得は低いのに食料価格が上昇するという、抜き差しならない状態に陥った人々が増えるにつれ、食料をめぐる暴動があちこちで見られるようになった。エジプトでは、兵士がパンを焼くために徴集された。国が助成するパン屋の前でパンの配給を受けようと並ぶ人々の列ではよく喧嘩が起こり、死者が出ることすらあった。モロッコでは食料をめぐって暴動を起こした三四人が投獄されている。イエメンでは、食料をめぐる争いが犠牲者を生むほどの暴動となり、少なくとも一二人が死亡した。カメルーンでは、食料をめぐる暴動で数十人が死亡、数百人が逮捕された。ほかにも、エチオピア、ハイチ、インドネシア、メキシコ、フィリピン、セネガルなどの国でも暴動が勃発している。ハイチはとくにひどい状況だった。一週間にわたる暴動と暴力ののち、首相は辞任せざるを得なかった。

食料需要の急増をもたらした三つの要因

世界の穀物価格が三倍になったことから、食料支援に供給できる量も激減し、ＷＦＰの緊急食料支援に頼っていた数十カ国は危機に陥った。二〇〇八年三月、ＷＦＰは五億ドルの追加資金を求める緊急要請を出した。価格上昇の前ですら、毎日一万八〇〇〇人の子どもたちが、餓えとそれに関連した疾病で命を落としているとＷＦＰは推定しているのだ。

世界では、この五〇年間に何度か穀物価格が値上がりしたことがあるが、二〇〇七年から二〇〇八年のような価格上昇ははじめてだ。これまでの価格上昇は、何らかの出来事が引き金となっている――インドで雨をもたらすはずのモンスーンがやってこなかったり、ソ連で深刻な干ばつが起こったり、米国の中西部を穀物が枯れてしまうほどの熱波が襲ったり、といった具合だ。その価格上昇は天候関連の出来事が原因の一時的なもので、通常は次の収穫がやってくれば状況は改善した。しかし、二〇〇七～〇八年の記録的な穀物価格の上昇はそうではなかった。今回の価格上昇は、「食料－人口」という天秤の両側で起こっていること、つまり、「食料」に関わるすう勢と「人口」に関わるすう勢が一点に収束しつつあることによって引き起こされたものだ。それらのすう勢の中には長期的なすう勢もあれば、より最近のすう勢もある。

今日、食料の需要増大をもたらしているものが三つある。一つめは、人口増加だ。二つめは、豊かさの増大とそのために肉・牛乳・卵の消費量が増えていることである。そして三つめが、穀物を使って自動車用燃料を製造することだ。人口増加は、農業そのものと同じぐらい古くからあるものだ。しかし今日の世界では、年に八〇〇〇万人近くの人口が増えている。さらに悪いことに、その圧倒的多数が、農地は少なく、土壌は侵食され、灌漑用の井戸は干上がりつつある国々で生まれているのである。

数としての人口がどんどん増えているというのに、そのうち三〇億人ほどは食物連鎖の上へ上へとのぼろうとしており、穀物集約的な畜産物をより多く食べるようになっている。所得が上昇すると、一人当たりの年間穀物消費量は、今日のインドのレベルである約一八〇キログラムから、米国のレベルである約七二〇キログラムへと増えていく。米国の食事は肉と乳製品がどっさりということが多い。

需要を増大させる三つめの要因が出てきたのは、米国が穀物をエタノールに換えることで、石油の不安定さを減らそうとしたときだ。米国のガソリン価格は、二〇〇五年のハリケーン・カトリーナののち、一リットル当たり約〇・七九ドルに跳ね上がった。このため、米国でのエタノール精製所への投資が非常に儲かるものになった。その結果、膨大な数のエタノール精製所が新規に操業を始めたため、それまでは毎年約二〇〇〇万トンだった世界の穀物需要の増え方は、二〇〇七年に突如五〇〇〇万トンを超えるまでに跳ね上がり、二〇〇八年にも再び五〇〇〇万トンを超えている。米国におけるこの莫大なエタノール精製所への投資は、「穀物をめぐって自動車と人が競争する」という、とんでもない争いを引き起こした。

穀物の自動車用燃料への転換は増え続けている。二〇〇九年、米国では四億一六〇〇万トンの穀物が収穫されたが、そのうち約一億一九〇〇万トンはエタノール精製所へ回された。カナダとオーストラリアの穀物収穫量の合計を超える量だ。

需要側のこれら三つの要因が合わさって世界の消費量をぐんぐんと押し上げていくと同時に、投機家たちがその争いに加わった。投機家は穀物の先物を買い、穀物を市場の外で押さえておくことで、価格上昇にさらなる油を注いだのである。

自動車に農地を奪われる農家

食料問題の供給側では、これまでの章で述べてきたいくつかのすう勢から、需要についていけるだけの速度で生産を拡大することがますます難しくなりつつある。土壌の侵食、帯水層の枯渇、作物に損害を与えるほどの熱波の増加、氷床や山岳氷河の融解、灌漑用水の都市への転用といったすう勢だ。

耕地を農業以外の用途に使う動きも、農家が農地を失う状況をつくり出している。自動車は、供給される穀物をめぐってのみならず、農地そのものをめぐっても人間と争っているのだ。たとえば米国では、ジョージア州よりも大きな面積の土地を自動車用に舗装している。米国に自動車が五台増えるごとに、約四〇〇〇平方メートル――アメリカン・フットボールのフィールドと同じ面積――が舗装されることになる。

この「自動車と農地の関係」が中国にとって意味するものは衝撃的だ。二〇〇九年、はじめて中国での自動車販売台数が米国を上回った。もし中国が四人に三台という米国並みの自動車所有率を達成すれば、一〇億台以上の自動車を持つことになる。これは、今日世界中にある自動車数を上回る。これだけの自動車が走れるよう舗装すべき土地は、中国が現在米を生産している面積の三分の二になるだろう。

世界中の農地に対するこの圧力は、増大する大豆の需要とぶつかり合っている。大豆は肉・牛乳・卵の生産を増やすうえでのカギである。家畜や家禽類の飼料に大豆ミールを加えると、穀物が動物性タンパク質に転換される効率が著しく向上する。そのため、世界の大豆消費量は一九五〇年の一七〇〇万トンから、二〇一〇年には二億五二〇〇万トンへと一五倍にも増えたのだ。

大豆はもともと中国原産であるが、大豆の需要増大がほかにもまして明らかなのは、その中国である。つい最近の一九九五年までは、中国は一四〇〇万トンの大豆を生産し、一四〇〇万トンの大豆を消費していた。二〇一〇年には、同じく一四〇〇万トンを生産したが、消費量は六四〇〇万トンという驚愕の規模だった。実際、今日では世界の大豆輸出の半分以上は中国向けである。

需要は増大の一途だが、科学者は収量を急増できていない。そのため、世界では主に大豆の植え付け面積を増やすことによって大豆生産量を増やしている。大豆は、米国、ブラジル、アルゼンチンでむさぼるように土地を使うようになっている。この三カ国を合わせると、世界の大豆生産量の五分の四、大豆輸出量の九〇パーセントを占めている。今日の米国では、小麦よりも大豆の植え付け面積のほうが大きい。ブラジルでの大豆の植え付け面積は、トウモロコシ、小麦、米を合わせたものよりも大きい。アルゼンチンではいまや、大豆植え付け面積はすべての穀物の植え付け面積の合計の二倍である。言ってみれば、大豆の単一作物栽培である。こうして世界の大豆需要の急増は、ブラジルでは森林破壊を、アルゼンチンでは草地の耕作を推し進めている。

土地を賭けた過酷なマネーゲームの勃発

食料の需要を生み出すすう勢と供給を制限するすう勢が一つに収束することによって、世界の食料経済に多重の脅威《パーフェクト・ストーム》をもたらしつつある。それは、新たな「食料不足の政治」を生み出しつつあるのだ。食料価格の急騰によって、国内の政治が不安定になりかねない状況に直面したロシアとアルゼンチンでは、二〇〇七年の後半から、国内の食料価格上昇を抑えるべく、小麦の輸出を制限または禁止した。世界第二位の米の輸出国であるベトナムは、数カ月にわたって米の輸出を禁止した。こうした動きは輸出国に住む人々には安堵をもたらしたが、何十という穀物輸入国ではパニックを引き起こした。輸入国の政府は突如として、「供給を世界市場に頼ることはもはやできないのかもしれない」と気がついたのである。

それに対して、いくつかの国では、将来の食料供給をしっかりと確保できるような、長期的な二国間貿易協定を結ぼうと試みた。フィリピンは有数の米の輸入国だが、毎年一五〇万トンの米を確保するという三年契約をベトナムと交渉した。イエメンの交渉団は小麦輸入に関する長期契約を交渉したいとオーストラリアへ飛んだ。だが、ともにうまくいかなかった。ほかの輸入国も同様の取り決めを模索したが、売手市場ではほとんどがうまくいかなかったのである。

輸入国の間で信頼が失われたことから、より裕福な国では、他国に、自国用の食料を生産するための広大な土地を購入または賃借するようになった。外交と投資の世界の言葉では、「土地の取得」と言われるものだ。自分の土地から立ち退かされた小規模農家や、そういった農家と活動するNGOの言葉で言えば、「土地の奪取」である。

食料供給が逼迫するにつれ、これまで見たことのない、国境を越えた土地の奪い合いが私たちの目の前で展開されている。もともとは、国レベルでの食料確保の不安に突き動かされた動きだったが、今では「土地の取得」は儲かる投資機会としても見られている。セネガルのアクション・エイドのファトゥ・ンバイは、「土地はみるみるうちに新しい〝金〟となり、いまやゴールドラッシュが起こっている」と述べている。

海外の土地の購入・賃借の先頭に立っている国は、サウジアラビア、韓国、中国などだ。サウジアラビアは国内の灌漑用水をどんどんと失いつつあり、間もなく穀物のすべてを輸入または海外でのプロジェクトに頼ることになるだろう。韓国は、今では穀物の七〇パーセント以上を輸入している。帯水層が枯渇して耕地の多くが非農業用途に転換されている中国は、神経をとがらせている。中国は、一〇年以上にわたって実質的に穀物を自給していたが、二〇一〇年にオーストラリア、カザフスタン、カナダ、米国から小麦を輸入し始めた。米国からはトウモロコシも輸入している。

インドも、お金のある国ではないが、土地の取得における大口の買い手となってきた。灌漑用の井戸が干上がり始め、気候の不安定性が増していることから、将来の食料確保を心配しているのだ。ほかにも、エジプト、リビア、バーレーン、カタール、アラブ首長国連邦などが海外の土地の購入に乗り出している。

当初、土地の取得は食料の確保を懸念する政府による交渉として始まるのが常だった。これは外交とビジネスの興味深いコンビでもあった——政府が自国の企業といっしょに交渉している、ということがよくあったのだ。まさしく海外での食料生産のために設立された企業もあった。交渉が完了すると通常、企業がその後を引き受ける。そのうち、土地の取得は、アグリビジネス企業や投資銀行、政府系ファンドにとっての投資機会にもなってきた。

アジアでは、インドネシア、フィリピン、パプアニューギニアなどが土地を売ったり貸し出したりしている。中南米では、そのほとんどはブラジルだが、アルゼンチンとパラグアイもそうだ。アフリカはアジアに比べて地価が安い場所だが、最近ではエチオピア、スーダン、モザンビークをはじめとする多くの国が投資家の標的となっている。たとえばエチオピアでは、約四〇〇〇平方メートルの土地を年に一ドル以下で借りることができる。一方、土地が不足しているアジアでは、一〇〇ドルを超えることはざらである。土地の取得にとって、アフリカは新たな未開拓地《フロンティア》なのだ。

このように自国の土地を売ったり貸し出したりしている国は、多くの場合貧しく、たいていは、エチオピアやスーダンのように慢性的な飢餓状態の国である。二〇〇九年一月、サウジアラビアは、エチオピアに入手した土地で栽培した米の最初の出荷分の到着を祝った。そのエチオピアは、現在五〇〇万人が国連世界食糧計画(WFP)から食料を援助してもらっている国である。そしてスーダンは、WFPが最大規模の飢餓救援の取り組みを行なっている場所なのだ。

土地取得が引き起こす二つの悪影響

土地の取得の目的はさまざまだ。米や小麦といった食用穀物の生産である場合もあれば、家畜や家禽類の飼料として主にトウモロコシを生産する場合もある。土地の取得を推し進めている第三の要因は、自動車用燃料の需要である。欧州連合(EU)が「二〇二〇年までに、交通輸送に関わるエネルギーの一〇パーセントを再生可能なエネルギー源から得る」という目標を掲げていることから、ヨーロッパ市場向けにバイオ燃料を生産しようという土地の奪取が勢いづいているのだ。

取得の規模だけでいえば中国が突出している。中国は、食用または燃料用のパーム油を生産するために、約二万八〇〇〇平方キロメートルの土地をコンゴ民主共和国から手に入れたと言われている。この面積を、コンゴ民主共和国でトウモロコシをつくるために使われている約一万二〇〇〇平方キロメートルと比べてみてほしい。トウモロコシはコンゴの六八〇〇万人が食する主要な穀物なのである。エチオピアやスーダンと同じく、コンゴ民主共和国もWFPの救援で命をつないでいる国だ。中国はまた、ジャトロファという油糧種子を持つ多年生植物を栽培するために、ザンビアから約二万平方キロメートルの土地を入手しようと交渉中だ。ほかにも、オーストラリア、ロシア、ブラジル、カザフスタン、ミャンマー、モザンビークなどの土地を取得済みまたは計画中である。

韓国は有数のトウモロコシと小麦の輸入国だが、いくつかの国にとって主要な〝土地投資家〟となっている。スーダンで小麦栽培用に約六九〇〇平方キロメートルの土地取得の契約を結んだ韓国は、この食料確保に向けた動きの先頭に立っている。一歩引いて見れば、スーダンで取得した土地の面積は、韓国が自国内で自給できている米の栽培面積約九三〇〇平方キロメートルとそれほど大きくは変わらない。サウジアラビアは、エチオピア、スーダン、インドネシア、フィリピンで土地を取得している。他方、インドの初期の投資はアフリカの数カ国に集中しているが、主にはエチオピアだ。

気づいている人はあまりいないが、土地取得の一つの特徴は、それが水の取得でもあるということだ。その土地を潤すのが灌漑であろうと降雨であろうと、土地を取得するということは、受け入れ国の水資源を使うことを求めることになる。つまり、土地取得の協定は、水ストレスのある国ではよりデリケートな問題なのだ。ナイル川の源流の大部分の水源があるエチオピアや、ナイル川の下流から水を引いているスーダンでの土地の取得は、簡単に言えば「エジプトがナイル川から得られる水が減っていく」ことを意味するのかもしれない。そうすると、ただでさえ大きなエジプトの輸入穀物への依存がますます大きくなるかもしれない。

多くの土地投資には、心配な側面がもう一つある。インドネシア、ブラジル、コンゴ民主共和国など、農地の拡大が炭素を吸収する熱帯雨林の皆伐を意味することが多い国々で投資が行なわれていることだ。そうやって土地を切り開くと、地球規模での炭素排出が大幅に増え、気候変動が食料確保に与える悪影響がさらに増すかもしれない。

横行する極秘の土地取引

二国間による土地の取得には多くの問題がある。まず、これらの取り決めはほとんど例外なく秘密裏に交渉が行なわれる。数人の政府高官だけが関与し、土地という公的な資源が対象であるにもかかわらず、取り決めの条件は極秘とされることがほとんどだ。その地域の農家といった主要なステークホルダーは、交渉のテーブルについていないばかりか、協定文書が署名されるまで、たいていはその協定について知りもしない。そして、土地取得の対象となる国々では、生産性の高い土地が使われず残っているということはほとんどないため、協定が結ばれれば、その土地の多くの農家や放牧者たちは土地から追い出されることになってしまう。その人たちの土地は没収されるか、政府の言い値で買い上げられるかということになり、受け入れ国ではしばしば人々の反発が生まれている。

英国の『オブザーバー』紙に掲載された、アフリカの土地の奪取に関する画期的な記事の中で、ジョン・バイダルは、ガンベラ地方に住むエチオピア人のナイコウ・オチャラの言葉を引用している。「外国の企業がたくさんやってきて、人々から何百年も使ってきた土地を奪っている。先住民には何の相談もなかった。秘密のうちに取引が行なわれているのだ。地元民に見ることのできるものは、人々がたくさんのトラクターに乗って、自分たちの土地に侵入しようとやってくる様子だけだ」。インドの企業が買収しつつある自分自身の村についてオチャラはこう言っている。「村の人たちの土地は無理やり取り上げられてしまい、何の補償も与えられていない。みんな、そこで起こっていることが信じられない」

土地の奪取に対して地元の人々が反発を抱くのは例外的なことではなく、どこでも見られることだ。たとえば、中国は二〇〇七年に、自国へ出荷するための作物をつくろうと、フィリピン政府から約一万平方キロメートルの土地を賃借する契約を結んだ。いったんその情報が漏れると、人々は激しい抗議の声を上げた——その多くはフィリピンの農家だ。そのため、フィリピン政府はその取り決めを保留せざるを得なくなった。同様の状況がマダガスカルでも起こった。マダガスカルでは、韓国企業の大宇ロジスティックスが、ベルギーの国土面積の半分に当たる約一万二〇〇〇平方キロメートルを超える土地の権利を手に入れようとしていた。そのせいで政治的な騒動が起きて政権が交代し、取り決めは白紙に戻された。

食料生産性は向上したのだろうか？

アグリビジネス企業などが低所得国の土地を取得し、完全に輸出向けの食料だけを生産するための投資は、ほとんど間違いなく、その国々の人々をより貧しい状況に追いやることになる。多くの人々は土地を失ったままになるだろう。国レベルでは、自国のための食料を生産する土地が減るということになる。

受け入れ国で食料価格が上がっていった場合、投資国は実際に、入手した土地で生産した穀物を持ち出すことができるだろうか？　そういった国々のお腹をすかせた人々は、かつて自分たちのものだった土地から穀物が輸出されるのをただ突っ立って見ているだろうか？　それとも投資家たちは、収穫物を自国に出荷できるよう警備隊を雇わなくてはならなくなるだろうか？　このような飢えた国々での土地の取得は、紛争の種となりかねないものを蒔いているのだ。

輸入国が海外の土地を取得しようとする、この大規模な取り組みに関連する中核的な問いとは、「これは世界の食料生産と全体的な食料安全保障にどのような影響を与えるのだろうか？」である。世界銀行は二〇一〇年九月の報告書で、報道記事を用いて、二〇〇八年一〇月から二〇〇九年八月の間に、さまざまな進行段階にある四六四件の土地取得案件を特定した。世銀は、発表のあったプロジェクトのうち、生産が始まっているのはたったの五分の一しかないと述べている。その理由の一つは、土地の投機家が行なっている取引がたくさんあるからだ。世銀のレポートでは、この生産開始の遅れについて、ほかにもいくつかの理由を挙げている。「非現実的な目標、価格の変化、不十分なインフラ・技術・制度」などだ。

これらの報告されているプロジェクトのうち、その土地面積がわかっているのは二〇三件だけだが、それでも約四六万五〇〇〇平方キロメートルほどになる。これは米国のトウモロコシと小麦の作付面積の合計に匹敵する面積だ。これらの取り決めには、少なくても五〇〇億ドルの投資が絡んでいると思われる。とくに注目すべきことは、作物情報が入手できる四〇五件のプロジェクトのうち、二一パーセントはバイオ燃料を生産する予定であること、そしてもう二一パーセントは工芸作物か換金作物用だということだ。食料用の作物を生産する予定のものは三七パーセントしかないのだ。

実際に農地として使われることになった土地の生産性は、どのくらいなのだろうか？　使われるであろう農業スキルや技術のレベルを考えれば、ほとんどの場合、比較的高い収量が見込める。たとえばアフリカでは、痩せた土壌に肥料を施すだけで穀物の収量を倍増できることも多いだろう。すべてを考慮に入れると、投資家はアフリカの多くの地域で収量を二倍か三倍にできるはずだ。

国と作物によっては、間違いなく目を見張るような増産がいくつかある一方で、ときにはうまくいかないこともあるだろう。プロジェクトの中には、どうしても経済的に成り立たないという理由で放棄されるものもあるだろう。〝長距離農業〟には輸送と移動が必要となり、石油価格が上がっていくと予想されている時代には、とてもコストがかかるものになるかもしれない。新しい作物が導入されると、予期せぬ作物の疾病や害虫の蔓延が発生することはほぼ間違いないだろう。とりわけ、取得された土地の多くが熱帯と亜熱帯地域にあるからだ。

さらに残る二つの疑問

もう一つよくわからないのが、タイミングである。世銀の調査が示すように、この土地のすべてが自動的に一~二年のうちに生産に移るわけではない。大規模な土地取得の報道がにわかに始まったのは二〇〇八年だったが、二〇一〇年の段階で収穫されているものを挙げようとしても、二、三の小規模なものしかない。前述したように、サウジアラビアは二〇〇八年後半にエチオピアで最初の米を収穫した。二〇〇九年、韓国の現代重工業は、ウラジオストクの一六〇キロメートルほど北に位置するロシアの所有者から買い取った約一〇〇平方キロメートルの農地で、約四五〇〇トンの大豆と二〇〇〇トンのトウモロコシを収穫した。同社ではこれを二〇一二年までに約五〇〇平方キロメートルに拡大する計画で、二〇一五年には韓国市場向けに毎年一〇万トンの大豆とトウモロコシを生産しようと考えている。この量は、韓国での大豆とトウモロコシの消費量の一パーセントに満たない。そして、インドの企業がエチオピアでトウモロコシの収穫を始めている。

アフリカの大部分には、近代的な市場志向型の農業を支える公的インフラはまだ存在していない。肥料など農業に必要な物資を運び込むためと、農産物を運び出すための両方に必要な道路を建設するのに、何年もかかる国もあるだろう。近代的な農業にはそれ専用のインフラが必要である――機械用の物置や穀物用のサイロ、肥料の貯蔵倉庫や燃料貯蔵施設、そして多くの場合、灌漑用ポンプや井戸を掘るための装置などだ。全体的に言えば、今日までの土地の開発はゆっくりした時間のかかるプロセスに思われる。これらのプロジェクトのうち、土地の生産性を劇的に向上できるものがいくつかあったとしても、それが地元の人々のプラスになるのか？ という疑問もある。実質的にすべての投入物――農機、肥料、殺虫剤、種――が海外から運び込まれ、すべての生産物が国から運び出されるとしたら、それは地元経済やその地域の食料供給には貢献しない。せいぜいのところ、地元の人々が農場の労働者としての職に就けるかもしれないというぐらいだ。しかし、高度に機械化された農業では、仕事口はほとんどないだろう。最悪の場合、ただでさえ飢餓状態にある国民の食料を賄うための国内の土地と水がさらに減ってしまうことになる。

最も測りかねる変数の一つは、政治的な安定性である。いったん反対勢力が政権についたら、国民の参加や支持なく秘密裏に交渉されたものであるとして、協定を破棄するかもしれない。コンゴ民主共和国とスーダンはともに、破綻しつつある国家ランキングで上位五位までに入っており、両国での土地取得はとりわけリスクが大きい。人々から土地を取り上げることほど、反政府活動に火を注ぐものはないだろう。農機はいとも簡単に壊される。実った穀物畑に火が放たれれば、あっという間に燃えてしまうだろう。

貧しい者の犠牲に成り立つ富

世銀は、国連食糧農業機関（ＦＡＯ）などの関連機関とともに、土地の取得を統制するための一連の原則を作成している。よく考えられた指針ではあるが、それを執行する機構は存在していない。世銀はこういった土地取得に関する根本的な議論――「それは受け入れ国に住む人々の役に立つのだ」という考え方――に異議を申し立てる意欲には乏しいようだ。

しかし、土地の取得は、一〇〇を超える国内および国際的なＮＧＯの連合体から根本的な異議申し立てを受けている。そういった団体は、「世界が必要としているのは、大企業がこれらの国々に、高度に機械化された資本集約的な大規模農業を持ち込むことではなく、喉から手が出るほど必要とされている雇用を生み出しながら地元や地域の市場向けに生産する、労働集約的な家族経営の農場を中心とした〝地域社会に根ざした農業〟に、国際的な支援を差し伸べることだ」と主張している。

土地と水が稀少になるにつれ、地球の気温が上がるにつれ、そして世界の食料安全保障が悪化するにつれ、危うい「食料不足の地政学」が台頭しつつある。この台頭につながっている状況はこの数十年にわたってつくられてきたものだが、二、三年前になってはじめて、その状況が鮮明に見えてきた。土地の奪取は、食料安全保障をめぐるグローバルな権力争いから切り離せないものだ。それは、富める者に役立つよう設計されているだけではなく、おそらく貧しい者の犠牲の上に成り立つことになるだろう。

第六章

環境難民の出現

打ち棄てられた沿岸都市

二〇〇五年八月末、ハリケーン・カトリーナが米国のメキシコ湾岸に近づくと、ニューオリンズや沿岸の小さな町や村から、一〇〇万を超える住民が避難した。避難の決定は妥当なものだった。メキシコ湾岸の町の中には、カトリーナの八メートルを超える強烈な高潮によって、建物が一つ残らず倒壊したり流されたりしたところもあった。ニューオリンズはカトリーナの最初の襲撃は切り抜けたものの、市内の堤防が決壊して浸水すると、市の大部分は水に浸かった。多くの場合、見えるのは屋根だけという状態で、数千人が立ち往生した。

嵐が過ぎ去れば、過去のこういう状況と同じく、一〇〇万人ほどと見られるカトリーナ避難者は家に戻って、家を修理したり建て直したりするものと思われていた。七〇万人ほどは戻ったが、三〇万近くの人が戻らなかった。戻る予定もない。こういった人々の大半には、戻るべき家も仕事もないのだ。彼らはもはや避難者ではない。気候難民なのだ。現代の気候難民の大波が最初に生まれたのは米国——地球温暖化を引き起こしている大気中の二酸化炭素濃度上昇に最大の責任を負っている国——だったのだ。ニューオリンズは、現代の沿岸都市としてはじめて、その一部が打ち棄てられた町になった。

現代の環境難民を生み出す五つの要因

この時代の大きな特徴の一つは、環境難民が膨れあがっていくことである。環境難民とは、海面上昇、破壊力を増す暴風雨、砂漠の拡大、水不足、危険なほど高濃度の有害汚染物質などが原因で住む場所を失った人々のことだ。

これから長い間、次々と生み出される環境難民の大部分は、海面上昇による難民たちが占めることになりそうだ。今世紀の海面上昇は最大一・八メートルになると予測されている。〇・九メートル上昇しただけで、海抜の低い都市や、島国の多くの地域、主要河川のデルタ地帯は水に浸かるだろう。初期の環境難民には、アジアの海抜の低いデルタ地帯で稲作を行なっている数百万世帯という農家も含まれ、彼らは上昇する海面の下に自分たちの田が沈んでいくのを目にすることになるだろう。

海面上昇による難民は、主に沿岸都市から生まれるだろう。最も早く影響を受ける都市は、ロンドン、ニューヨーク、ワシントン、マイアミ、上海、コルカタ（旧カルカッタ）、カイロ、東京などだ。海面上昇を止めることができないならば、市当局はやがて、移転するか、または上昇する海水を遮断する防護壁を建設するか、そのどちらかの計画に着手せざるを得なくなるだろう。

海面上昇による数百万人の難民が国の内陸部にある標高の高い土地へと移動すると、二つの不動産市場が生まれると予測される。一つは沿岸地域に生まれる市場で、そこでは価格は下がるだろう。もう一つは標高の高い地域に生まれる市場で、価格は上昇するだろう。フロリダのように暴風雨や洪水の多発する地域では、すでに損害保険の料率が上がりつつある。

最も人口が多く、最も脆弱な住民を抱える都市のいくつかは河川デルタにある。メコン川、イラワジ川、ニジェール川、ナイル川、ミシシッピ川、ガンジス・ブラマプトラ川、長江などのデルタだ。たとえば、海面が一・八メートル上昇したならば、人口の密集したガンジス・ブラマプトラ・デルタに住む一五〇〇万人のバングラデシュ人が住む場所を失うだろう。

ロンドンを拠点とするNGO、エンバイロンメンタル・ジャスティス・ファウンデーション（EJF）は次のように報告している。「海面が一メートル上昇すると、ナイジェリアの沿岸部の最大七〇パーセントが影響を受け、被害を受ける面積は二万七〇〇〇平方キロメートル以上になる。エジプトは、肥沃なナイル・デルタのうち少なくとも二万平方キロメートルを失い、アレクサンドリア市のほぼ全人口を含め八〇〇万～一〇〇〇万人が住む場所を失うだろう」

海抜の低い島々も深刻な被害を受けるだろう。小島嶼国連合（ＡＯＳＩＳ）に参加する三九カ国は、海面が上昇すると自国領土の一部または全部を失う状況にある。最も差し迫った脅威にさらされているのが、太平洋のツバル、キリバス、マーシャル諸島とインド洋のモルディブなどである。島が完全に水没してしまうずっと前から、島民は塩水が入ってきて飲料水が汚染されたり、深根性作物が育たなくなったりする可能性に直面する。最終的にはすべての作物が取れなくなるだろう。

ツバル国民一万人のうち三〇〇〇人ほどは、労働移住プログラムのもとで、すでにニュージーランドに仕事を求めて移住している。人口三〇万人のモルディブのように、より多くの人口を抱える国は、ほかの場所へ移住するのもそう簡単ではないだろう。モルディブの大統領は、海面が上昇し、それによって島での生活を続けるのが難しくなるにつれ、国民が移住できる土地を購入する可能性を積極的に求めている。

一方、二〇〇四年に、インドネシアの津波が記憶から消し難いほど壊滅的な打撃をもたらしたのを見て、モルディブ政府は、全部で二〇〇ほどある海抜の低い島の住民を、わずかながらも海抜の高い一二ほどの島へ「段階的避難」をさせることにした。だがこの中で最も高い島でさえ、海抜はわずか二・四メートルである。そしてパプアニューギニア政府は、海面上昇を見越し、カートレット諸島の住民一〇〇〇人をより大きなブーゲンビル島に移住させた。

海面上昇で祖国を失う人々

海面上昇のせいで自国を失いつつある人々が悲惨な状況に置かれ、社会が混乱しているだけではなく、ほかにも解決すべき法的な問題がある。たとえば、いつをもって国は法的に存在しなくなるのか？ 機能する政府がなくなったときなのか？ それとも国が波の下に消えたときなのか？ そしてどの時点で、国は国連での投票権を失うのか？ いずれにしても、海面上昇によって海抜の低い島国が消えていくにつれ、おそらく国連加盟国数は減っていくだろう。

海面はどのくらい上昇するのだろうか。ロブ・ヤングとオーリン・ピルキーは著書『*The Rising Sea*（上昇する海面）』の中で、ロードアイランド州とマイアミ州の計画委員会は、二一〇〇年までに最低一メートルの海面上昇を想定していると書いている。カリフォルニア州の計画調査は、今世紀の終わりまでに一・四メートル上昇という数字を用いている。オランダは、自国の沿岸計画用に「二〇五〇年までに〇・七五メートル上昇」を想定している。

グリーンランドの氷床は、場所によっては厚さが一六〇〇メートルをゆうに超えるが、これが完全に溶けたら海面は七メートル上昇するだろう。そして、もし西南極氷床が完全に崩壊したら、海面は四・八メートル上昇するだろう。科学者たちはこの二つの氷床が最も崩壊しやすいと考えているが、これらの氷床が融けると、合わせて一一・八メートルの海面上昇を招くことになる。そしてこの計算には、海面上昇の重要な要因である、海水温の上昇にともなう熱膨張は含まれていないのだ。

国際環境開発研究所（ＩＩＥＤ）が発表した論文では、海面が一〇メートル上昇した場合の影響を分析している。論文の冒頭には、現在、六億三四〇〇万人が海抜一〇メートル以下の沿岸部――ここでは「低海抜沿岸地帯」と名づけられている――に住んでいると書いてある。

最も影響を受けやすい国は中国で、潜在的な気候難民は一億四四〇〇万人だ。続いて六三〇〇万人のインドと、六二〇〇万人のバングラデシュである。ベトナムは四三〇〇万人、インドネシアは四二〇〇万人の潜在的気候難民を抱えている。そのほか一〇位以内に入っているのは、三〇〇〇万人を抱える日本、二六〇〇万人のエジプト、二三〇〇万人の米国だ。難民の中には、自国内の標高のより高い場所に避難できる人もいれば、自国の内陸地域が超過密状態になっている場合は他国へ避難を求める人々もいるだろう。

破壊的な嵐が経済発展を吹き飛ばす

環境難民の二つめのグループも、地球の気温上昇と密接に関係している。熱帯の海の表面水温が高くなれば熱帯性暴風雨の原動力となるエネルギーが大きくなり、それによってより破壊的な嵐が生まれる可能性がある。より強烈な暴風雨とより強大な高潮が組み合わさると、ニューオリンズがそうだったように、壊滅的な被害をもたらしかねない。より強大で破壊力を増した暴風雨の危険性の最も高い地域は、中米、カリブ海地域、米国の大西洋岸およびメキシコ湾岸である。アジアではハリケーンが台風と呼ばれているが、最も被害を受けやすいのは、日本、中国、台湾、フィリピン、ベトナムなどの東アジアと東南アジアだ。もう一つ危険な地域はベンガル湾、とくにバングラデシュである。

一九九八年の秋、ハリケーン・ミッチが中米の東海岸を襲った。大西洋で発生したハリケーンとしては過去最大級で、風速は九〇メートル近くあった。大気の状態が、通常は北へと向かうハリケーンの進路をふさぐ形になっていたため、ホンジュラスとニカラグアでは、ところによって数日間に一八〇〇ミリを超える雨が降った。家屋、工場、学校は大洪水によって破壊され、廃墟と化した。道路や橋も破壊された。ホンジュラスでは作物の七〇パーセントが流され、表土の大部分も流れ去った。大規模な土砂崩れが村々を破壊し、地域の住民が生き埋めになったところもあった。

このハリケーンの死者は一万一〇〇〇人に及んだ。さらに数千人が行方不明になったままである。ホンジュラスとニカラグアでは、道路や橋といった基礎的なインフラの大部分が倒壊した。ホンジュラスのフローレス大統領（当時）は、被害を概括して「全体として、五〇年かけて築き上げたものが数日間で破壊された」と述べた。この嵐による被害額はこの両国の国内総生産（GDP）を上回り、経済発展を二〇年あと戻りさせた。

二一世紀の最初の一〇年間には、ほかにも多くの破壊的な嵐が生じている。二〇〇四年、日本には、一年間の上陸数としては過去最多となる一〇個の台風が上陸し、総額一兆円の被害をもたらした。二〇〇五年の大西洋ハリケーンの季節は観測史上最悪であり、カトリーナをはじめとする一五のハリケーンが上陸し、保険が適用された損害額は一一五〇億ドルにのぼった。

加速する砂漠化に逃げ場を失う中国

環境難民を生み出す第三の原因は砂漠の拡大であり、これはいまやほぼ例外なく至るところで進行している。サハラ砂漠はあらゆる方向に向かって広がりつつある。砂漠が北に向かって広がるにつれて、モロッコやチュニジア、アルジェリアに住む人々は地中海の海岸との間に押し込められている。

サハラ砂漠が南進するにつれ、アフリカのサヘル地域――サハラ砂漠南部と中央アフリカの熱帯雨林とを分ける巨大な帯状のサバンナ地帯――が縮小している。この砂漠が北から、アフリカで最も人口の多いナイジェリアに入り込むにつれ、農民や牧畜民は南への移動を余儀なくされ、縮小しつつある肥沃な土地に詰め込まれつつある。砂漠難民の中には、最終的に都市――多くが無断居住者の集落――へ流れ着く人々もいれば、国外に移住する人もいる。二〇〇六年にチュニジアで開かれた砂漠化抑止に関する国連の会議では、二〇二〇年までに、最大六〇〇〇万人がサハラ以南のアフリカから北アフリカや欧州へ移り住む可能性があるという予測が出された。

イランには、砂漠の拡大や水不足が原因で打ち棄てられた村が数千もある。テヘランから車で一時間かからないところにある小さな町ダマーバンドの近郊では、八八の村から人がいなくなった。

中南米では、ブラジルでもメキシコでも、広がる砂漠のせいで人々は移住せざるを得なくなっている。ブラジルでは約六五万平方キロメートルもの土地にその影響が及んでおり、その大部分はブラジル北東部に集中している。メキシコでは毎年、乾燥・半乾燥地域の農村地域から出ていく人々がいるが、多くの場合、砂漠化がその理由だ。こういった環境難民たちの中には、メキシコ国内の都市に住むことになる人もいれば、北部国境を越えて米国に移り住む人もいる。米国の専門家は、メキシコでは、砂漠化のせいで毎年一〇〇〇平方キロメートルを超える農地を放棄せざるを得ないという。

中国では一九五〇年以降、どの一〇年間をとっても砂漠の拡大は加速の一途である。砂漠学者の王濤によると、この五〇年ほどの間に、中国の北部と西部のおよそ二万四〇〇〇の村で、砂漠の拡大によって、村全体または村の一部から住民がいなくなったという。

中国の環境保護部の報告では、一九九四年から九九年の間に、ゴビ砂漠は五万二四〇〇平方キロメートルも拡大したという。これはペンシルベニア州の半分に相当する面積だ。いまやゴビ砂漠は北京から二四〇キロメートル以内まで近づいており、中国の指導者たちも状況の重大さに気づきつつある。

一九三〇年代、米国では、過耕作が原因となり、干ばつが引き金となって、ダスト・ボウルが生じた。二〇〇万人以上の「オクラホマ人《オーキー》」が土地を離れざるを得なくなり、その多くはオクラホマ州、テキサス州、カンザス州から西のカリフォルニア州に向かった。しかし中国では、発生する砂塵嵐ははるかに規模が大きく人口もはるかに多い。一九三〇年代の米国の人口は一億五〇〇〇万人にすぎなかったが、中国の人口は現在一三億である。米国での移住者の数が一〇〇万単位で数えられたのに対して、中国の移住者は一〇〇〇万単位で数えることになるかもしれない。そして米国大使館による「Grapes of Wrath in Inner Mongolia（内モンゴルの怒りの葡萄）」と題する報告書には、「残念ながら、二一世紀の中国の『オーキー』には、逃れて向かうべきカリフォルニアはない――少なくとも中国内には」とある。

水不足で奪われる故郷

自分の家から出て行かざるを得なくなる人々の第四のグループは、地下水位が低下しているところに住む人々だ。二〇五〇年までに世界人口に加わると予測されている三〇億人の大部分がそうした国に生まれてくるため、〝水難民〟はどこにでもいる存在になるかもしれない。こういった人々が最もよく見られるようになるのは、人口が水供給量を上回って水飢饉に陥りかけている乾燥・半乾燥地域だろう。インド北西部の村々では、帯水層が枯渇し、もはや水を見つけることができないため、住民が村からいなくなりつつある。中国の北部・西部とメキシコ北部では、数百万人にのぼる村民が水不足のために移住しなければならないかもしれない。

これまでのところ、水不足の結果として避難が発生しているのは村単位だが、ゆくゆくは、イエメンの首都サヌアやパキスタンのバローチスターン州の州都クエッタなど、都市全体が移住を迫られることになるかもしれない。二〇〇万の人口を抱え今も急拡大中のサヌアでは、まさに水が底を尽きつつある。深さ四〇〇メートルの井戸が枯れ始めているのだ。サヌアの谷で繰り広げられるこの「どん底めがけての競争」では、石油を掘削するための装置を用いてさらに深い井戸が掘られている。今では、八〇〇メートルを超える深さの井戸もあるほどだ。

状況の見通しは暗い。この山あいの谷にほかの州から水を運んでこようとすれば、部族衝突が起こると思われるからだ。沿岸で海水を淡水化するのは、淡水化の処理そのもののコストに加え、ポンプで水を送らなければならない距離にかかるコストも要し、二〇〇〇メートルを超えるこの都市の標高を考えると高くつくものになるだろう。サヌアはやがてゴースト・タウンになるかもしれない。

クエッタはもともと五万人の人口を想定して設計された都市だが、今では一〇〇万人を超える人が住んでおり、市民すべてが頼りにしている二〇〇〇の井戸は、化石帯水層と考えられているところから水を汲み上げている。クエッタの水の見通しを評価したある調査報告書の言葉を借りれば、ここはやがて「死の都市」になるだろうという。

ほかにもう二つ、水不足に苦しんでいる中東の半乾燥地域の国がある。シリアとイラクだ。両国とも帯水層のくみ上げ過ぎの報いを受け始めている。つまり灌漑用井戸が枯れ始めているのだ。

シリアではこの傾向によって、一六〇もの村から住民が出て行かざるを得なくなった。何十万もの農民と牧畜民が土地を捨て、仕事を見つけられたらと都市近郊にテントを張っている。国連のある報告書によると、イラク北部では、水不足のために、推定で一〇万人以上が故郷の土地から離れることを余儀なくされたという。中東の水の専門家であるコロラド鉱業大学のフセイン・アメリーは、非常に簡潔に「水不足が人々を土地から立ち退かせている」と言い表している。

放射能による難民の出現

第五のグループの環境難民が登場したのは、まだ五〇年ほど前のことだ。有害廃棄物や危険なレベルの放射能から逃れようとしている人たちである。一九七〇年代後半、ニューヨーク北部地方にあるラブ・キャナルという小さな町が、全米でも全世界でも大きく報道された。この町の一部は有害廃棄物処理場の上につくられていた。一九四二年から、フッカー・ケミカル社がそこにクロロベンゼン、ダイオキシン、ハロゲン化有機物、農薬などの有害廃棄物二万一〇〇〇トンを投棄していた。一九五二年、フッカー社は処理場を閉鎖して埋め立て、ラブ・キャナルの教育委員会に譲渡した。無料の土地であることを活かして、その上には小学校が建てられた。

しかし一九六〇～七〇年代になると、人々は染み出している廃棄物からの臭いや残渣に気づき始めた。出生異常やその他の病気がごくふつうに見られた。一九七八年八月から、住民は国の費用で移転させられ、その住宅には市場価格で補償が行なわれた。一九八〇年一〇月までに合計九五〇世帯が永久にその土地を離れた。

その二、三年後、ミズーリ州タイムズ・ビーチの住民たちがさまざまな健康上の問題を訴え始めた。埃を抑えるために道路に油を散布していた会社が、有害化学廃棄物を含んだ廃油を使っていたのである。米国環境保護庁（ＥＰＡ）が公衆衛生上の基準をはるかに上回るレベルのダイオキシンを検出したのち、連邦政府によって、住民二〇〇〇人の永久退去と移転の手続きが取られた。

環境難民を生んだものとして、もう一つ悪名高いものがある。一九八六年四月にキエフ州のチェルノブイリ原子力発電所が爆発した事故である。これによって発生した火災は非常に勢いが強く、一〇日間も燃え続けた。大量の放射性物質が大気中に放出され、この地域の町や村に高線量の放射線が降り注いだ。その結果、すぐ近くのプリピャチ市の住民や、ほかにもウクライナ、ベラルーシ、ロシアのいくつかの地域住民が避難させられ、三五万四〇〇〇人の再定住が必要となった。事故から六年後の一九九二年になっても、ベラルーシは国家予算の二〇パーセントを、事故に関連する再定住費用やその他多くの補償に充てている。

米国では、健康を害する汚染物質のために二つの町が移転したが、中国では、四五九の「ガンの群生地」が確認されており、このことは数百の町や村を避難させる必要性があることを示している。中国衛生部の統計によれば、いまや中国の死因の第一位はガンである。肺ガンによる死亡率は喫煙によっても高まっているが、ここ三〇年の間に五倍近くに上昇した。

汚染防止対策がほとんどとられていないため、化学工場の近隣の市町村はかつてないガン発症率に苦しんでいる。世界銀行の報告によると、中国農村人口における肝臓ガンの死亡率は世界平均の四倍だという。胃ガンの死亡率は世界平均の二倍である。中国の事業者は、労働力が安く、公害防止法がほとんど、あるいはまったく施行されていない農村部に工場を建設する。若者は仕事を求めて、そして場合によってはより良い健康を求めて、こぞって都会に出て行っている。だがその他の多くの人は、病気であったり貧し過ぎて出て行くことができない。

環境難民が直面する痛ましい現実

今日の難民を起源ごとに類別するのは必ずしも容易ではない。移住を加速する環境面および経済面の圧力は、密接に絡まり合っていることが多いからだ。だが家を出ていく理由が何であれ、人々はますます絶望的な手段をとるようになっている。それを物語っているのが、地中海を渡ろうと試みる難民に関するニュースの見出しだ。二〇〇九年のBBCニュースの「リビア沖で数百人が溺死か」、二〇〇八年の『ガーディアン』紙の「七〇人以上の移住者、欧州に渡る途中で死亡か」、二〇〇八年のAP通信の「苦難の移住により、スペインで三五人が死亡との報」などだ。

なかには信じられないほど痛ましい話もある。二〇〇三年一〇月中旬、イタリア当局は、アフリカからの難民を乗せイタリアに向かっていた小船を発見した。二週間以上漂流し、燃料も食料も水も尽きたのち、乗っていた人の多くが死んだ。最初は遺体を船から海中へ投げ入れていたが、ある時点から、生き残った人たちは船のへりまで遺体を持ちあげる力もなくなった。死者と生存者が一つの小船に乗っている様子は、救助にあたった人が描写したように、まるで「ダンテの地獄篇の光景」のようだった。

この難民たちはリビアから船に乗ってきたソマリア人だと思われたが、生き残った人たちは送還されるのを恐れて、自分たちの国籍を明らかにしようとしなかった。彼らが政治難民なのか、経済難民なのか、それとも環境難民なのかはわからない。ソマリアのような破綻国家はこの三つのすべてを生み出す。ソマリアは、人口過剰や過放牧と、その結果として起こっている砂漠化が牧畜経済に壊滅的打撃を与えている無法国家であり、環境弱国でもあることを私たちは知っている。

二〇〇六年四月、バルバドス沖で漁をしていた男性が、長さ六メートルほどの船が若い男性一一人の遺体を乗せて漂流しているのを発見した。遺体は日光と塩分の多い海水を浴びて「ほとんどミイラ化していた」。船に乗っていた一人は、最期の瞬間がだんだん近づいてきたとき、遺書を書き残して二つの遺体の間にはさみ込んでいた。「バサダ（セネガル）の家族にお金を送りたかった。ごめんなさい。さようなら」。この遺書を書いたのは、どうやらクリスマス・イブに小舟に乗ってセネガルを出発し、欧州へ向かう起点であるカナリア諸島に向かうことになっていた五二人のうちの一人のようだった。

メキシコの人たちは、来る日も来る日も、米国で仕事にありつこうとアリゾナの砂漠で命を危険にさらしている。毎日四〇〇～六〇〇人ほどのメキシコ人が、小さ過ぎて、あるいは侵食が進み過ぎて生計を立てられない土地を捨て、農村地域から出て行っている。この人々はメキシコの都市に向かうか、国境を越えて米国に不法入国を試みるか、そのどちらかだ。アリゾナの砂漠を渡ろうとする人たちの多くは、過酷な暑さに命を落とす。毎年、メキシコとアリゾナ州との間の国境に沿って多数の遺体が発見されている。

対処療法ではなく根治策を

ことによっては大規模になりそうな国境を越える人々の動きが、すでにいくつかの国に影響を及ぼしつつある。たとえば、インドにはバングラデシュから絶え間なく移住者が流れ込んできており、さらに数百万人がやって来る見通しがあるため、バングラデシュとの国境沿いに高さ三メートルの塀が建設されている。米国はメキシコとの国境沿いに塀を建てている。中国人が国境を越えてシベリアに入る動きは一時的なものだと言われているが、おそらく永続的なものになりそうだ。もう一つの大きな国境である地中海では、欧州を目指すアフリカ人移住者の小舟を取り押さえようと、今では海軍の船がパトロールを行なっている。

結局のところ、政府が、国の内外で起こる大規模な移住の流れがもたらす政治的・経済的な圧力に耐えるに足る強さを持っているかどうかが問題なのだ。最も規模の大きな流れの中には、国境を越える移住もあるだろうし、それはおそらく違法なものだろう。一般的に言って、環境難民は貧しい国から豊かな国へ、アフリカやアジア、中南米から北米や欧州へと移り住むだろう。環境的な圧力が高まるなか、人々の移住は制限され、秩序立ったものになるのだろうか？それとも、大規模で混沌としたものになるのだろうか？

人はふつう、ほかにとるべき道があるなら、家や家族、村や町を捨てたりはしない。今こそ政府は、「移住に対して対症療法で済ませようとするよりもその根本原因を治療するほうが、コストは小さいし、人々の被る痛みも少ないのではないか？」と考える時期ではないだろうか。それはつまり、発展途上国と協力してその経済を支える自然のシステム――土壌、草地、森林――を回復させることであり、人々が貧困から抜け出せるように小家族への移行を加速させることである。根治策の代わりに対症療法をとるのは良い医術ではない。そして、良い公共政策でもないのだ。

第七章

破綻しつつある国家

破綻国家ソマリアの現在

二〇〇九年一一月末、インド洋でソマリアの海賊がギリシャ船籍の超大型タンカー「マラン・センタウルス」を乗っ取った。このタンカーは二〇〇万バレルの原油を輸送中で、積み荷の価値は一億五〇〇〇万ドルを超えていた。二カ月近くの交渉のすえ、身代金七〇〇万ドルが支払われた。ヘリコプターから現金五五〇万ドルがセンタウルス号のデッキに投下され、一五〇万ドルが個人の銀行口座に振り込まれた。

公海におけるこの〝現代版の海賊行為〟は、危険かつ破壊的で、高くつき、そして驚くほどうまくいっている。これを根絶しようと、米国、フランス、ロシア、中国など一七カ国ほどがこの海域に海軍の部隊を配備したが、その成果は限定的だ。二〇〇九年、ソマリアの海賊は海上で二一七隻の船を襲い、そのうち四七隻の乗っ取りに成功し、それらを盾に身代金の要求を行なった。二〇〇八年に攻撃を受けた船数は一一一隻で、うち乗っ取られた船は四二隻だったので、前年よりも増えていることになる。そして二〇〇九年は身代金の額も増えたため、海賊の「儲け」は二〇〇八年のざっと二倍だった。

破綻国家のソマリアは現在、部族のリーダーや聖戦士集団たちによって支配されており、それぞれの部族が、かつて国だった土地の一部を自分たちのものだと主張している。機能している国家政府はない。南部の一部は、アル・カーイダ系の過激派集団であるアル・シャバブが支配している。現在テロリストの訓練を行なっているアル・シャバブは、二〇一〇年七月、ウガンダのカンパラで、サッカーのワールドカップ決勝戦をテレビ観戦しようと集まっていた群衆の中で起きた二件の爆発について、犯行声明を出した。少なくとも七〇人が死亡し、負傷者数はさらに多い。

ウガンダが標的となったのは、ソマリアにおけるアフリカ連合の平和維持軍に派兵していたためだ。アル・シャバブはサッカー嫌いで、自分たちの支配する領域内ではこの「異教徒の」スポーツをするのも観るのも禁じている。このように、ソマリアは現在、海賊の基地でもあり、テロリスト養成の場でもある。『エコノミスト』紙が書いているように、「破綻国家はその国自体にとって危険であるだけでなく、周辺国やそれ以外の国々にとっても危険な存在だ」。

国家の破綻は拡大し、かつ深刻化している

旧植民地やソビエト連邦崩壊から新しい国家が誕生した半世紀が過ぎて、国際社会は今日、国家の分裂という逆の状況に直面している。「破綻しつつある国家」という用語が使われるようになったのはここ一〇年ほどにすぎないが、こういった国々は今では、国際政治情勢の顕著な特徴の一つとなっている。『フォーリン・ポリシー』誌の記事にあるように、「破綻国家は、長く驚くべき旅路をたどって、世界政治の周辺からまさに中心へとやってきた」。

かつて各国政府が懸念したのは、ナチス・ドイツや大日本帝国、ソ連の場合のように、あまりに強大な力が一国に集中することだった。だが今日、世界の秩序と安定に最大の脅威を与えているのは、破綻しつつある国家だ。『フォーリン・ポリシー』誌が書いているように、「かつて世界のリーダーたちは、誰が力を蓄えているのだろうかと気を揉んでいたが、今ではそういう存在そのものがないことを懸念している」。

呼び方は各機関によって「失敗国家」であったり「弱小国家」であったり「脆弱国家」であったりとさまざまだが、いくつかの国家機関や国際機関では、破綻しつつある国家のリストを独自に作成している。米国中央情報局（ＣＩＡ）は、政治的リスク要因を追跡する「政治不安

タスクフォース」に資金を出している。英国の国際開発省は四六カ国を「脆弱国家」と特定した。世界銀行は、低所得の「脆弱で紛争の影響を受けている国」三〇カ国ほどに注意を集中している。

しかし、破綻に対する脆弱性から各国を分析しようとする、最も体系的で継続的な取り組みは、米国の非営利組織ファンド・フォー・ピースが行ない、毎年『フォーリン・ポリシー』誌の七・八月号に発表されるものである。年に一度のこの重要な評価は、世界中の数千にも及ぶ情報源を活用しており、世界で進行中の変化について——おおまかに言えば、世界がどこに向かおうとしているのかについて——の洞察に満ちている。

調査チームは一七七カ国のデータを分析し、「暴力的な国内紛争や社会の崩壊に対する脆弱性」に従ってランク付けをしている。二〇一〇年の破綻国家指数第一位はソマリアで、二位以下にチャド、スーダン、ジンバブエ、コンゴ民主共和国が続いている（表7−1を参照）。二〇位までに、スーダン、イラク、ナイジェリアと石油輸出国が三カ国入っている。今回一〇位のパキスタンは、破綻しつつある国家の中で唯一の核兵器保有国であるが、一九位の北朝鮮は核戦力を開発中である。

この指数は人口増加、経済的不平等、政府の正当性など、社会、経済、政治に関する一二の指標に基づいている。一～一〇の間の数値で表された各指数の点数を総計し、国の指数として一つの数字を出す。一二〇点は、どの尺度から見ても完全に破綻していることを意味する。二〇〇四年のデータに基づいて、二〇〇五年にはじめて『フォーリン・ポリシー』誌にこのリス

表7-1：2010年破綻しつつある国家上位20カ国

順位	国名	指数
1	ソマリア	114.3
2	チャド	113.3
3	スーダン	111.8
4	ジンバブエ	110.2
5	コンゴ民主共和国	109.9
6	アフガニスタン	109.3
7	イラク	107.3
8	中央アフリカ共和国	106.4
9	ギニア	105.0
10	パキスタン	102.5
11	ハイチ	101.6
12	コートジボワール	101.2
13	ケニア	100.7
14	ナイジェリア	100.2
15	イエメン	100.0
16	ミャンマー（旧ビルマ）	99.4
17	エチオピア	98.8
18	東ティモール	98.2
19	北朝鮮	97.8
20	ニジェール	97.8

（出典：“The Failed States Index,” Foreign Policy, July/August 2010.）

トが発表されたとき、点数が一〇〇点以上の国は七カ国しかなかった。二〇〇六年には、それが九カ国に増え、二〇〇九年になると一四カ国になった。四年間で倍増したことになる。二〇一〇年は一五カ国だった。この短期的な傾向は決して確定的なものではないが、上位の国の指数が高くなっていることと、一〇〇ポイント以上の国の数が倍増していることは、国家の破綻が広がりつつあると同時に深刻化していることを示している。

政府機能を停止させる二つの要因

国家が破綻していることの最も顕著な兆候は、法と秩序の崩壊と、それに関連する個人の身の安全の喪失である。中央政府が自国の領土の一部または全部を制御できなくなり、国民の身の安全を確保できなくなると、国家は破綻する。政府が権力の独占を失うと、法の支配が崩壊し始める。この時点で政府が国連に支援を求める場合が多い。実際、上位二〇カ国のうち、ハイチ、スーダン、コンゴ民主共和国など八カ国が、国連平和維持軍の支援を受けている。国連平和維持軍の派遣件数は、二〇〇二年から二〇〇八年の間に二倍になった。

破綻しつつある国家は、対立するグループ同士が権力をめぐって争うため、内戦に陥る場合が多い。ハイチでは、二〇〇四年に国連平和維持軍が到着するまで、武装集団が街を支配していた。アフガニスタンでは、中央政府ではなく各地方の軍閥かタリバンがカブール以外の地域を支配している。

より最近見られるようになった政府が機能停止に陥るもう一つの理由は、国民の食料を確保できないことである。それは必ずしも政府にその能力がないからではなく、十分な食料を入手することがより難しくなっているからだ。二〇〇七年前半に食料価格が高騰し始めて以来、食料を十分に提供することがひときわ困難になっていることがわかってきた。穀物価格は二〇〇八年春のピークからいくらか落ち着いたものの、依然として過去の水準よりはるかに高いままである。所得水準が低く、食料が不足している国々にとっては、十分な食料を見つけることがますます困難になっている。

食料の確保に関しては、個人の身の安全と同様、国連の後方支援がある。食料問題における〝平和維持軍〟は国連世界食糧計画（WFP）だ。WFPは、六〇カ国以上に緊急食料支援を行なっている国連機関で、その中には『フォーリン・ポリシー』誌の破綻国家リストに名を連ねる二〇カ国中の一九カ国も含まれている。ハイチなどいくつかの国は、法と秩序の維持を国連平和維持軍に、食料の一部をWFPに依存している。ハイチは事実上、国連の保護下にあるのだ。

国家の破綻は飛び火する

破綻しつつある国家が「そこだけの現象」であることはめったにない。ルワンダの大量虐殺がコンゴ民主共和国に飛び火したように、紛争は近隣諸国に容易に広がる可能性がある。コンゴでは、今も続く内戦によって、一九九八年から二〇〇七年の間に五〇〇万人以上が命を落とした。コンゴにおけるそうした犠牲の大部分は、戦争の間接的な影響が原因であった。何百万もの人々が家を追われたことによる飢餓、呼吸器疾患、下痢、その他の病気などだ。同様にスーダンのダルフール地方での虐殺は、被害者たちが国境を越えて避難したため、たちまちチャドにも広がった。

アフガニスタンやミャンマー（旧ビルマ）のような破綻しつつある国家は、麻薬の温床になっている。二〇〇九年、アフガニスタンは世界全体のアヘン生産量の八九パーセントを占めた。アヘンの多くはヘロインの原料となる。ミャンマーは、一位と大きく差のある二位ながら、中国向けの主要なヘロイン供給元となっている。

国家の破綻という状況は長い時間をかけて形成されていくかもしれないが、崩壊そのものはあっという間に起こり得る。たとえば、イエメンはいくつかの差し迫った厳しいすう勢に直面している。石油も水も使い果たしつつあるのだ。首都サヌアに水を供給している地下集水域は、二〇一五年には完全に枯渇するかもしれない。政府収入の七五パーセントを占め、輸出収入ではそれよりもさらに大きな割合を占める石油の生産量は、二〇〇三年から〇九年の間に四〇パーセント近く減少した。そして、イエメンの主要な二つの油田がひどく枯渇している状況では、この減少を反転させるものは何も見えてこない。

こういった圧力の根底にあるのは、アラブで最も貧しいこの国の国民が、貧困に苦しみ、その人口が急激に増加していることと、失業率が推定三五パーセントにのぼっていることである。政治面では、不安定なイエメン政府は、北部でのシーア派の反乱、以前からの南北間の対立の深まり、推定三〇〇人のアル・カーイダ工作員の国内潜伏といった問題に直面している。サウジアラビアとの国境は長く穴だらけであり、イエメンはアル・カーイダがサウジアラビアへ入る際の拠点および入り口となる可能性がある。イスラムの中心であり世界一の石油輸出国でもあるサウジアラビアを支配するというアル・カーイダの目標は、とうとう手の届くところにきているのだろうか？

二つの指標で破綻度合いを見抜く

破綻国家指数の順位は人口動態の指標と密接に関係している。破綻しつつある国家上位二〇カ国中一五カ国では、人口が年間二～四パーセントの割合で増加している。人口増加率が一位のニジェールは三・九パーセントで、アフガニスタンは三・四パーセントである。年間三パーセントの人口増加と言われても、手に負えないほどの増加には聞こえないかもしれないが、それはつまり、一〇〇年で二〇倍に増えるということである。破綻しつつある国家では、大家族が例外ではなく標準であり、多くの国の女性が一人当たり平均六人以上の子どもを産む。破綻しつつある国家上位二〇カ国のうち一四カ国で、人口の四〇パーセント以上が一五歳未満である。これは、将来、政治不安が起こる可能性を高める人口動態の指標だ。雇用機会に恵まれない若者は不満を抱くようになり、暴動に参加するのもいとわなくなることが多い。

数十年にわたって急激な人口増加が続いている国の多くでは、政府は〝人口疲労〟に苦しんでおり、一人当たりの耕作地や淡水供給量がどんどん減少していくことにも対処できず、増加の一途をたどる子どもたちを受け入れる学校を迅速に建設することもできない。スーダンは「人口動態の罠」に陥っている国の典型的な例だ。多くの破綻しつつある国家と同様、スーダンが遂げてきた経済的・社会的発展は、死亡率を低下させるのには十分なものだったが、出生率を下げるには足りていないのだ。

その結果、大家族が貧困を生み、貧困が大家族を生む。これが人口動態の罠である。スーダンの女性は、人口置換水準の二倍にあたる平均四人の子どもを産んでおり、四二〇〇万人の人口が一日に二〇〇〇人ずつ増えている。こうした圧力を受けて、スーダンは——ほかの多くの国と同様に——機能が停止しつつある。

破綻しつつある国家の上位二〇カ国のうち、この人口動態の罠に陥っていないのは四カ国だけだ。実際問題としては、これらの国はおそらく自力でそこから抜け出すことはできないだろう。外部からの助けを借りて、とくに女子の教育水準を高める必要があるだろう。データを入手できるどの社会においても、女性の教育水準が高くなればなるほど小家族化が進む。そして小家族になればなるほど、貧困から抜け出しやすくなるのだ。

二〇一〇年の破綻国家リストで上位二〇位に入っている国のうち、二〜三カ国を除くすべての国が「食料生産と人口増加との競争」に敗れつつある。破綻しつつある国家にとって、食料の救援を受けることさえも難しい場合がある。ソマリアでは、アル・シャバブの脅威が高まり、食料救援隊員が殺害されたことで、飢餓に苦しむこの国の南部で食料支援を行なう取り組みが事実上中止された。

破綻しつつある国家のもう一つの特徴は、道路、電力、水道、下水道システムといった経済インフラの劣化である。たとえば、以前に築かれた用水路網の多くが、整備されずに破損のひどい状態のままとなっており、もはや農家に水を送れなくなっていることも多い。

破綻しつつある国家の上位二〇カ国のほぼすべてが森林、草地、土壌、帯水層といった、急激に増加する自国民を養うための自然資産を使い果たしつつある。上位三カ国――ソマリア、チャド、スーダン――は、風による侵食によって表土を失いつつある。表土の喪失が進行していることで、土地の生産性が徐々に損なわれている。上位二〇カ国のうちアフガニスタン、イラク、パキスタン、イエメンなどの数カ国では水のストレスが高まっており、帯水層から過剰な水のくみ上げを行なっている。

急激な人口増加、私たちを支える環境のシステムの劣化、貧困がさらに互いを悪化させる結果、国が不安定になっていく。そしてある時点から、海外からの投資を呼び込むのが難しくなる。ときには警備機能が働かなくなって、救援隊員の生命が脅かされるようになることで、援助国による公的援助計画が段階的に取りやめになってしまうことさえある。海外からの投資が途絶え、それにともなって失業率が高まるのも「衰退症候群」の一つである。

グローバル化が進む時代では、国際社会が機能するかどうかは、安定した国家による協調的なネットワークにかかっている。政府が統治能力を失うと税金も徴収できなくなる。いわんや、対外債務に対する責任など持てなくなる。破綻しつつある国家が増えるということは、貸し倒れが増えるということだ。国際テロを抑えようとする取り組みも、機能している国家間の協力にかかっている。国家の破綻が増えれば増えるほど、この協力の効果も失われていく。

国家の孤立が招く伝染病の蔓延

破綻しつつある国家には、ポリオなどの伝染病や、鳥インフルエンザや豚インフルエンザ、狂牛病など、動物もヒトも感染する病気の蔓延を抑える国際ネットワークに参加できるだけの高度な保健医療システムがないかもしれない。一九八八年、大きな成功を収めた天然痘撲滅運動にならって、国際社会はポリオ撲滅の取り組みを始めた。目標は、かつて一日平均一〇〇〇人の子どもたちを麻痺させた恐ろしい病気の根絶だ。二〇〇三年までには、アフガニスタン、インド、ナイジェリア、パキスタンなど数カ国を除き、ポリオは根絶された。

だがその年、ナイジェリア北部の宗教的指導者たちが、このワクチン接種計画はエイズと不妊を蔓延させようとする陰謀だと主張し、計画に反対し始めた。その結果、この地域のワクチン接種の取り組みは頓挫し、その後三年間にナイジェリアにおけるポリオの症例は三倍となった。一方、ナイジェリアのイスラム教徒が行なった年に一度のメッカ巡礼によってポリオが蔓延し、すでにポリオが根絶されていたインドネシア、チャド、ソマリアなどのイスラム国にポリオ・ウィルスが再び持ち込まれた可能性がある。対応策として、サウジアラビア当局はポリオの症例報告がある国からの若い訪問者全員に、「ポリオ・ワクチンを接種すること」という条件を課した。

二〇〇七年前半、再び根絶が近づいているように思えたとき、パキスタンの北西辺境州（現：ハイバル・パフトゥンハ州）でワクチン接種に対する暴力的な反発が起こった。ポリオ撲滅計画の医師一人と保健師一人が殺されたのである。さらに最近では、パキスタンのスワット・バレーで、タリバンが保険当局の職員によるポリオ・ワクチンの投与を拒絶しており、ポリオ撲滅運動をさらに遅らせている。このことは頭の痛い問いを投げかけている。破綻しつつある国家の世界では、かつてはすぐ手の届くところにあったポリオ撲滅という目標が、今では手の届かないところに遠のいてしまったのだろうか？

大国にも国家破綻の危機は迫っている

今までは、破綻しつつある国家は主に規模の小さな国であった。だが、パキスタンやナイジェリアなど、人口が一億を超える国の中にもリストの順位を上げている国がある。メキシコもその一つで、石油の生産量も輸出量もこれ以上増えないところまできており、そのため政府は税収も外貨も失いつつある。これに加えて、セタスという犯罪組織が、自らが掌握している地域に敷設されている政府の石油パイプラインから石油を抜き取っている。二〇〇八年と二〇〇九年に抜き取られた石油は一〇億ドル相当にのぼった。二〇〇六年以降、政府とこの麻薬カルテルとの戦いで一万六〇〇〇人が犠牲となっている。この数は、過去一〇年間にイラクとアフガニスタンで犠牲となった米国人の数よりもはるかに多い。石油と観光からの収入が減少し、外国人投資家が神経質になっている状態で、メキシコ政府は深刻な課題を抱えている。

インド(現在『フォーリン・ポリシー』誌のリストで第七九位)では、人口の一五パーセントが食べている穀物は、水を過剰にくみ上げることによって生産されている。この国の衰退のきっかけとなるのは、顕在化しつつある水不足が食料不足を引き起こすことかもしれない。水をめぐる地域の紛争が拡大し激しくなるにつれ、ヒンズー教徒とイスラム教徒との間の緊張に火がつき、不穏な状況につながる可能性がある。

対処不能な国際危機となる前に

幸いにも、国家の破綻は必ずしも一方通行の道ではない。南アフリカは、一世代前には人種間戦争が勃発しかねなかったが、今では機能する民主主義の国となっている。リベリアとコロンビアも、かつては破綻国家指数が高かったが、それぞれめざましく改善してきた。

そうは言っても、破綻しつつある国家の数が増えると、さまざまな国際的な危機に対処することがより難しくなる。健全な世界秩序の中であれば対処可能かもしれない問題――金融安定化の維持や伝染病発生の抑制など――が、崩壊しつつある国が数多くある世界では、対処が難しくなり、不可能になる場合もある。原材料の国際的な移動を維持するのさえ困難になる可能性がある。どこかの時点で、拡大する政情不安が世界経済の発展を妨害することになって、国家の破綻の原因に対して切迫感を高めて取り組む必要性が浮き彫りになるかもしれない。

第Ⅲ部

解決策はプランB

THE RESPONSE:PLAN B

過去の文明の多くが、環境によって引き起こされた危機に直面し、そして多くがそのために崩壊した。一般的に、そういった文明は一つか二つの破壊的な環境的傾向に直面し、それはたいていの場合、森林破壊と土壌侵食だった。それに対して、二一世紀はじめの私たちの世界文明は、環境面での破壊的傾向を数え切れないほど抱えており、それはすべて私たち自身がつくり出したもので、その多くは互いに負の影響を与え合うため、さらなる悪化を招いている。森林破壊と土壌侵食に加えて、たとえば帯水層の枯渇、作物を枯らすほどの熱波、漁場の崩壊、山岳氷河の融解、海面上昇などがある。

ここまでの七章では、こういった環境の傾向とそれが引き起こす結果——とくに環境難民と破綻しつつある国家——について述べたが、このあとに続く五章では、これらの傾向を反転させるために必要な手立てについて述べる。

今日の世界は、生態学的にも環境的にも相互依存の度合いが高いため、今日の環境の危機が及ぶ範囲もまさに世界的であることが特徴である。このような新しい世界では「皆がともにうまくいくか、ともにダメになるか」のどちらかになるため、「国家安全保障」という言葉はほとんど意味を持たない。

簡潔に言えば、アース・ポリシー研究所のいわゆる「プランB」とは、文明を救うために私たちがすべきことである。それは、戦時下のスピードで行なわれるとてつもない取り組みである。歴史を振り返っても前例はない。なぜならば、世界全体がこのような脅威にさらされたことがこれまでになかったからにほかならない。

第一章に述べたように、プランBには、「気候の安定化」「地球の自然のシステムの修復」「人口の安定化」「貧困の根絶」という四つの構成要素がある。「気候の安定化」計画では、二〇二〇年までに二酸化炭素排出量を八〇パーセント削減することを求めている。この目標を定めるにあたって私たちが考えたのは、「政治的に受けのよい計画は何か」ではなく、「グリーンランドの氷床や、ヒマラヤ山脈やチベット高原の少なくとも規模の大きな氷河を救うことにいくらかでも望みを持ちたいと思うなら、何が必要か」であった。

二酸化炭素排出量の削減には主な要素が三つある。一つは、運輸部門を再構築する一方で世界のエネルギー経済の効率を高めることだ。これは、今から二〇二〇年までの間に予想されるエネルギー使用量の増加分をすべて相殺するように考えられている。二つめは、エネルギー部門における排出量を削減することだ。そのためには主に、化石燃料(石油、石炭、天然ガス)を再生可能エネルギー(風力、太陽エネルギー、地熱)に置き換えていく。二酸化炭素排出量削減の三つめの要素は、森林破壊を食い止める一方で木を植え、土壌を安定させるための大規模な運動を行なうことだ。

二酸化炭素排出量の八〇パーセント削減という目標は、現在三八七ppmの大気中の二酸化炭素濃度の上昇を、二〇二〇年までに四〇〇ppmで止めるためのものだ。いったん上昇を止めれば、そのあと、第一線の気候科学者たちが提言している三五〇ppmに向けて二酸化炭素濃度を下げ始めることができる。

プランBのほかの三つの構成要素は、同時に進んでいくものだ。地球の自然のシステムの修復——再植林、土壌保全、漁場の回復、帯水層の安定化など——は貧困の根絶に手を貸してくれるだろう。同様に、貧困の根絶は人口の安定化を助け、小家族への移行を加速することは貧困から抜け出す一助となる。結局、八〇億の世界人口を養えるかどうかは、私たちがプランBの四つの目標すべてを達成できるかにかかっているだろう。

良いニュースは、私たちにはこれを達成するために必要な手立てがあるということだ。よりエネルギー効率の良い技術へ移行するとともに、化石燃料を再生可能な資源に換えていくといったエネルギー経済の再構築は、所得税を減らし、炭素税を増やすことによっておおむね達成できる。プランBでは、その過程の各段階で増税分を所得税の減税で相殺しながら、二〇二〇年までに一トン当たり二〇〇ドルの炭素税を世界全体で段階的に導入することを求めている。

地球の自然のシステムを修復し、人口を安定させ、貧困を根絶するために必要となる追加費用は、年間二〇〇〇億ドルに満たないだろう。これは、国家安全保障という概念をとらえ直して、私たちの身の安全に対する新たな脅威を認識し、それに応じて安全保障予算を再分配するだけで捻出できる。

本書の最終章のテーマは、どのように社会を動かしていくか、である。さまざまな社会変革モデルや、社会の迅速な変革を成し遂げる方法、プランB遂行の緊急性について書かれている。

第八章

エネルギー効率の良い世界経済を構築する

エネルギー節約の可能性は無限大

今日、先進技術によって、世界がエネルギー使用量を削減できる可能性はかつてないほどに大きくなっている。たとえば、二〇世紀のほとんどの期間、市販の家庭用電球はほぼすべてが効率の悪い白熱電球だった。だが今では、電力消費量がわずか四分の一である電球型蛍光ランプ（ＣＦＬ）も買うことができる。そして、新たに市場に出回ってきた発光ダイオード（ＬＥＤ）

はさらに電力消費量が少ない。

自動車についても同様の状況がある。自動車の誕生以降、二〇世紀の終わりまでは内燃機関が唯一の選択肢だった。現在の私たちは、主に電気で走るプラグ・イン・ハイブリッド車や、完全に電気で走る一〇〇パーセント電気自動車を買うことができる。そして電気モーターのほうが内燃機関よりも効率が三倍以上良いので、運輸部門にはかつてないほどのエネルギー使用量削減の可能性がある。

省エネ技術だけではなく経済の主要部門を再構築することで、莫大なエネルギーを節約できる。「車のためではなく人々のための都市」を設計することは、すばらしい第一歩となる。そして、使い捨て社会を卒業して、ほぼすべてのものを再利用・リサイクルできるようになれば、どれだけの材料やエネルギーを節約できるか想像してみてほしい。

効果的節電で電気料金を九〇パーセント節約

最も手早く二酸化炭素排出量を削減し、お金を節約できる方法の一つが、シンプルに「電球を取り替えること」だ。効率の悪い白熱電球をＣＦＬに替えると、照明の電力使用量を四分の三も減らすことができる。そして、寿命も最大で一〇倍長いため、標準的なＣＦＬ一個がその寿命を終えるまでに節約できる電気料金はおよそ四〇ドルになる。

多くの国が段階的に白熱電球をやめていくにつれ、世界はＣＦＬへの移行において転換点《ティッピング・ポイント》に達した。だがこの移行も完結しないうちに、ＬＥＤへの切り替えが始まっている。現在のところ、世界で最も先進的な電球技術であるＬＥＤは、エネルギー消費量がＣＦＬよりもさらに少なく、白熱電球に比べると最大八五パーセント減である。ＬＥＤにはもう一つ、経済的に優位な点がある。寿命だ。子どもが生まれたときに取り付けたＬＥＤが、その子の大学卒業時にもまだ点いているということもありそうだ。

コストが急激に下がっているなか、ＬＥＤは信号機などいくつかのニッチ市場を急速に占有しつつある。米国では七〇パーセント近くの信号機がＬＥＤに換えられたが、欧州ではまだ二〇パーセントに達していない。ニューヨーク市はすべての信号機をＬＥＤに換え、電気料金と維持補修費用を年間で六〇〇万ドル削減している。

数がはるかに多い街灯については、その節約の可能性はさらに大きい。二〇〇九年、ロサンゼルスのアントニオ・ビヤライゴーサ市長は、同市が向こう七年間で一四万個の街灯をＬＥＤに換えて、納税者のお金を四八〇〇万ドル節約すると発表した。ＬＥＤへの交換が進められており、二〇一〇年半ばの時点で、街灯の電気料金は五五パーセント減となっている。

フィリップスやＧＥなどの大手電球メーカーは現在、ワット数の低いＬＥＤ電球を二〇ドルで販売している。「価格が下がるにつれて、北米と欧州の市場におけるＬＥＤの市場占有率は、二〇一五年には五〇パーセント以上、二〇二〇年には八〇パーセント以上になる」とフィリップス・ライティングの北米子会社のＣＥＯであるジア・エフテカーは考えている。二〇〇九年、中国と台湾は、LEDの製造において、日本（現在、世界のトップ）、韓国、ドイツ、米国とより効果的に競争するために協力関係を結んだ。

また、人のいない場所の照明を消す人感センサーの利用によっても、エネルギーを節約できる。自動調光装置を用いれば、太陽光が明るいときには屋内照明の照度を弱めることができる。実際のところ、LEDとこれらの「スマート」な照明技術を組み合わせることで、白熱電球と比べて電気料金を九〇パーセント削減できる。

家庭の照明はCFLへ、オフィス・ビルや店舗、工場の照明は最新の直管蛍光灯へ、そして信号機はLEDへと切り替えれば、全部合わせて、世界の電力使用量全体に占める照明の割合を一九パーセントから七パーセントにまで減らせる。これによって、世界に二八〇〇基ある石炭火力発電所のうち七〇五基を閉鎖できるほどの電力を節約できるだろう。世界が二〇二〇年までに照明をLEDに大きく依存するようになれば――今のところそうなりそうだが――さらに多くの節電が可能になるだろう。

「日本式」が省エネ技術の進歩を引き出す

多くの家電製品でも、同じくらいエネルギー効率を向上できる。米国では、議会が一九七五年以降、食器洗い機から電気モーターまで、二二にわたる広範な種類の家庭用・工業用電気製品の効率を向上させるための法案を可決してきたが、エネルギー省はこの法律を施行するために必要な基準を定めていなかった。この事態を改善すべく、バラク・オバマ大統領は就任のわずか数日後に、エネルギー省に対して、必要な規制を定めてこの効率化の宝庫を活用するように命じた。二〇一〇年九月、エネルギー省は、二〇〇九年一月以来二〇品目以上の家庭用・商業用製品の新たな省エネ基準がまとめられたと発表し、これによって「消費者は二〇三〇年までに、累積で二五〇〇億～三〇〇〇億ドルを節約できるだろう」と述べた。

より最近の省エネの難題は、大型薄型テレビである。現在市場に出回っている画面は、従来のブラウン管テレビよりも消費電力がはるかに大きい。大画面のプラズマテレビの場合、消費電力は実に四倍近くになる。ほかの多くの分野と同様、この分野でも米国のペースセッターとして、カリフォルニア州は「すべての新しいテレビの消費電力を、二〇一一年までに現在のものより三分の一削減し、二〇一三年までには四九パーセント削減すること」を求めている。カリフォルニア州の市場はとても大きいので、業界は全国的にこの基準を満たさざるを得なくなる可能性が非常に高い。

電気製品の効率化で大きな課題となっているのが中国だ。いまや中国の都市部では、最新の電気製品の保有率が先進国並みである。都市の一〇〇世帯当たりの保有数は、カラーテレビが一三三台、洗濯機が九五台、ルームエアコンが一〇〇台である。このように、効率にほとんど注意を払わずに驚異的な伸びを見せたこともあって、中国の電力消費量は一九八〇年から二〇〇七年の間になんと一一倍になった。

米国や中国と並んで、欧州連合（ＥＵ）にも家電製品が大きく集中している。環境保護団体グリーンピースによれば、欧州の人々の平均電力消費量は米国人の半分であるとはいえ、まだ削減できる余地が大きいという。たとえば、欧州の冷蔵庫は米国製に比べて電力消費がわずか半分であるが、現在市場に出回っている冷蔵庫の中で最も効率の良いものは、欧州の平均的な冷蔵庫に比べて電力消費量が四分の一である。ということは、あらゆるところにさらに電力を削減できる莫大な余地があるということだ。

技術の進歩によって、効率向上の可能性が広がり続けている。日本のトップランナー方式は、製品の省エネ基準を向上させるための世界で最もダイナミックなシステムである。このシステムでは、その時点で市場に出ている製品の中で最も効率の良いものが、それ以降に販売されるものに対する基準となる。一〇年もしないうちに、日本は個々の製品に対する省エネ基準を一五〜八三パーセント高めた。この継続的なプロセスは絶えず省エネ技術の進歩を引き出している。

ゼロ・カーボン建築の実現に向けて

電化製品が建物内の電力使用量全体に占める割合は大きいが、冷暖房を合わせるとさらに多くのエネルギーを要する。だが、建物は二酸化炭素排出量が最も多い部門であり、運輸部門をもしのいでいるにもかかわらず、省エネ計画においては軽んじられることが多い。建物は五〇

〜一〇〇年、場合によってはそれ以上長く使われるので、多くの場合、この分野の二酸化炭素を削減するのは長期的なプロセスだと考えられている。だが、必ずしもそうとは限らない。古くて効率の悪い建物は、エネルギー改修によって電気料金を二〇〜五〇パーセントかそれ以上削減できる。その次のステップとして、建物の冷暖房や照明用の電気を再生可能エネルギー源による電気に完全に切り替えれば完成だ。ほら、このとおり！　二酸化炭素排出量ゼロ《ゼロ・カーボン》の建物ができあがる。

米国の場合、二〇〇九年二月にオバマ大統領が署名した景気対策法案は、個人住宅一〇〇万戸の断熱化、公共住宅の断熱化や改修、連邦政府建物のエネルギー効率改善を提供するものだ。これらの取り組みは、活力ある米国エネルギー効率産業の構築の支援を意図したものである。

古い建築物の効率を改善するための数多くの取り組みの中に、クリントン気候イニシアティブのプロジェクトである「クリントン財団・建築物省エネ化プログラム」がある。このプログラムは、大都市の気候リーダーシップ・グループであるC40と共同で、金融機関と世界有数のエネルギー・サービス企業やエネルギー技術企業をまとめ、都市と協力して、建築物の改修を通じてそのエネルギー使用量を最大で五〇パーセント削減するというものだ。ジョンソン・コントロールやハネウェルなどのエネルギー・サービス企業は、建物の所有者に対して、省エネと改修プロジェクトにかかるコストの上限を約束する、契約型の「性能保証」を提供すると約束した。同プログラムの立ち上げ時に、ビル・クリントン元大統領は「銀行やエネルギー・サービス企業は儲かり、建物の所有者はお金を節約し、二酸化炭素排出量は減ることになろう」

と指摘した。

二〇〇九年四月、ニューヨークのエンパイア・ステート・ビルの所有者が、この築八〇年になる一〇二階建ての象徴的なビルを改修し、エネルギー使用量を四〇パーセント近く削減するという計画を発表した。改修によって年間四四〇万ドル相当のエネルギーが節約でき、改修費用は三年で回収できる見込みである。

改修によってびっくりするほどの二酸化炭素排出量が削減できるが、新築の建物なら、ずっと少ない排出量で済むように設計できる。二〇〇九年一月現在、ドイツでは、すべての新築の建物は、給湯と暖房に使うエネルギーの一五パーセント以上を再生可能エネルギーにするか、エネルギー利用効率を大幅に改善しなければならない。屋上に太陽熱温水・暖房器を設置すれば、「建物のエネルギー需要のわずか一五パーセント」という基準を満たすにとどまらない「おまけ」が付いてくるだろう。

民間部門による省エネの積極的推進

新築の建物のエネルギー使用量を削減できる可能性を固く信じている一人が、エドワード・マツリアである。マツリアは気候に配慮するニューメキシコ州出身の建築家で、「二〇三〇年チャレンジ」を立ち上げた。その主な目標は、「米国の建築家が、二〇三〇年までに、すべての建物を化石燃料を使わずに機能するよう設計する」ようにさせることである。マツリアは、「地球のサーモスタットの目盛りを下げるカギを握るのは建築家だ」と言う。彼はこの目標を達成するために、米国建築家協会、米国グリーン・ビルディング協会（ＵＳＧＢＣ）、全米市長会議など、いくつかの団体による連合を組織している。

民間部門では、ＵＳＧＢＣ――ＬＥＥＤ（エネルギーと環境デザインにおけるリーダーシップ）の認証・格付けプログラムで知られている――がこの分野の先頭に立っている。この自主的プログラムには、「標準認証」「シルバー認証」「ゴールド認証」「プラチナ認証」の四段階の認証レベルがある。ＬＥＥＤの認証を受ける建物は、環境の質、原材料の使用、エネルギー効率、水利用の効率、公共交通機関へのアクセスも含めた立地選定において、最低限の基準を満たさなければならない。ＬＥＥＤの認証を受けた建物は買い手にとっても魅力的だ。従来の建築物よりもランニングコストは安く、賃貸料は高めに設定でき、入居者はより幸せでより健康的だからだ。

メリーランド州アナポリス近郊にある、職員一〇〇人が働くチェサピーク湾財団の事務所ビルは、ＬＥＥＤのプラチナ認証の取得第一号の建物である。その特徴としては、地中熱源ヒートポンプによる冷暖房、屋上の太陽熱温水器、すっきりしたデザインのコンポスト・トイレ――肥沃な腐葉土ができ、ビル周辺の庭園の肥料として用いられる――などがある。

シカゴにあるゴールド認証を取得した六〇階建てのオフィス・ビルは、夏期には川の水を利用して建物を冷房したり、屋上の半分以上を植物で覆って水の流出と熱損失を減らしたりしている。このビルの主要テナントで、シカゴに本拠を置く法律事務所カークランド&エリスLLPは、このビルはシルバー認証以上を取得できるし、そのことが賃貸契約に組み込まれていると強調した。

ニューヨークにある五五階建てのバンク・オブ・アメリカ・タワーは、超高層ビルとしてははじめてプラチナ認証を取得したビルである。コジェネレーション自家発電設備を有し、雨水利用と排水の再利用を行ない、リサイクル建材を用いて建てられている。クリーン・エネルギーに関する調査を行なっているパイク・リサーチ社の予測によると、世界全体でグリーン・ビルディング規格の認証を受けた建物の床面積は、二〇一〇年の五億六〇〇〇万平方メートルから二〇二〇年には四九億平方メートルにまで拡大するという。

世界中に広がる交通システム革新の動き

運輸部門そのものの中にも、省エネの機会は数多くある。効率を高め、二酸化炭素排出量を削減する第一歩は、輸送システムの再構築と電化を同時に行ない、化石燃料から再生可能エネルギーによる電力への転換を促進することである。「再構築」とは、都市の公共交通機関を強化し、自動車の必要性の少なくて済む町や市を設計するなどである。都市と都市の間を移動するためには、日本や西欧、中国にあるような、都市間高速鉄道システムを開発することがカギとなる。

地下鉄、LRT(ライトレール・トランジット)、バス車線、自転車用道路、歩道の組み合わせを基盤にした都市交通システムは、移動性と低コスト交通と健全な都市環境を提供するうえで、考えられる限り最善の世界を約束するものだ。そして、鉄道システムは地理的に固定されているので、駅などの鉄道への連結点は、高層オフィスやマンション、小売店などが確実に集まる場所になる。

最も革新的な公共交通システムには、コロンビアのボゴタなど途上国の都市で発達してきたものもある。ボゴタのバス高速輸送(BRT)システムは、専用の高速用車線を用いて短時間で市内を移動できるようにするもので、メキシコシティやサンパウロ、ハノイ、ソウル、イスタンブール、キトなど、ほかの多くの都市でも同じようにうまくいっている。中国ではBRTは北京など一一都市で運用されている。

パリでは、ベルトラン・ドラノエ市長が二〇〇一年に市長に当選したとき、欧州で最悪の交通渋滞と大気汚染も引き継いだ。交通量を減らすために、ドラノエ市長がとった三つのステップのうちの一つめは、パリ首都圏全体で、利用しやすくて質の高い公共交通に投資することだった。次のステップは、大通りにバスと自転車の専用レーンを設けて、自動車用の車線を減らすことだった。バスの走行速度が上がるにつれ、バスを使う人が増えていった。

パリにおける三つめの革新的な取り組みは、市のレンタル自転車制度の創設だった。市内各地にある一七五〇カ所の駐輪ステーションで自転車二万四〇〇〇台が利用できる、というものだ。レンタル料金は「一日借りると一ドルちょっと」から「年間契約で四〇ドル」まであるが、三〇分未満の利用なら無料だ。当初の二年間を見ると、自転車は大変好評であることがわかった。二〇〇九年後半時点での利用回数は六三〇〇万回である。ロンドンやワシントン、上海、メキシコシティ、サンチアゴなど、ほかの数百都市でも都市レンタル自転車システムを採用しつつある。サイクル・シェアリングというアイデアがぴったりという時代がやってきたのだ。

自動車との恋愛関係にピリオドを打つとき

自動車燃料の使用量を削減しようとする世界的かつ本格的対策は、どれも米国に端を発する。米国のガソリン使用量は世界一で、日本、中国、ロシア、ドイツ、ブラジルなど二位以下の二〇カ国の総使用量よりも多い。米国――世界全体で九億六五〇〇万台の乗用車のうち二億四八〇〇万台を保有する――は保有台数が飛び抜けて多いだけでなく、自動車一台当たりの走行距離では最上位近くに位置し、自動車の燃費では最下位に近い。

車は移動性をもたらすことを約束した。そして、ほとんどが農村という社会では、その約束を果たした。だが都市部の車の数が増加するといつしか、もたらされるのは「移動性」ではなく「非移動性」となった。テキサス運輸研究所（ＴＴＩ）の報告によれば、米国の渋滞がもたらすコストは、無駄になる燃料と損失時間を含めると、一九八二年には一七〇億ドルだったものが二〇〇七年には八七〇億ドルにまで増加している。

　米国の市町村の多くには歩道や自転車専用レーンがなく、そのため、とくに交通量の多い通りでは、徒歩や自転車で安全に動き回るのが難しい。幸いにも、多様な都市交通システムをつくり出すうえで欧州に大きく後れをとっていたこの国に、「完全な道路《コンプリート・ストリート》」運動が押し寄せている。これは、「道路を、車だけではなく歩行者や自転車にも優しいものにしよう」という取り組みである。

　全米完全な道路《コンプリート・ストリート》同盟は、自然資源防衛協議会（NRDC）やAARP（四〇〇〇万人近くにのぼる高齢の米国人の組織）、数多くの地方および全国レベルの自転車組織などの市民グループによる強力な集まりであり、〝自動車専用〟モデルに異を唱えている。二〇一〇年一〇月現在、完全な道路《コンプリート・ストリート》の政策はカリフォルニア州やイリノイ州など人口の多い州を含む二三州と九八の都市で実施されている。

　一世紀も前から続いてきた米国と自動車の恋愛関係は、終焉を迎えつつあるのかもしれない。どうやら、米国の自動車保有台数はこれ以上増えないところまできたようだ。二〇〇九年に廃車になった車は一二四〇万台で、新車販売台数の一〇六〇万台を上回り、米国の自動車保有台数は一パーセント近く縮小した。「これは主に不況のためだ」と言われてきたが、実際には、市場の飽和、都市化の進行、先行きの見えない経済、石油をめぐる不安定な状況、ガソリン価格の上昇、交通渋滞への不満、高まる気候変動の懸念など、いくつかの動きが一点に集まって起こったのだ。

おそらく、自動車の未来に影響を及ぼす社会的傾向の中で最大のものは、若者の間で車への関心が薄れていることである。米国がまだひどく田舎の国だった頃に育った過去の世代にとって、乗用車かピックアップ・トラックの運転免許を取ることは人生の節目となる儀式だった。ところが今では、米国の八二パーセントが都市になり、車のない家庭で育つ若者の数は増えている。彼らが人と付き合うのはインターネットやスマートフォン上であり、車の中ではない。わざわざ車の免許をとることすらしない人も多い。このような傾向が合わさってきているため、二〇二〇年には米国の自動車保有台数は一〇パーセント減少することもあり得ると思っている。米国に次いで第二位である日本の自動車保有台数も減少しつつある。

自動車燃料はガソリンから電気へ

近いうちに米国のガソリン使用量を減らすためのカギは、車両数の減少に加えて、燃費基準を引き上げることだ。二〇〇九年五月にオバマ政権は、二〇一六年までに新車の燃費を四〇パーセント引き上げると発表したが、これによって二酸化炭素排出量も石油への依存も減らすことができるだろう。米国にある自動車をプラグ・イン・ハイブリッド車と一〇〇パーセント電気自動車に転換する突貫計画があれば、さらに大きな貢献が期待できよう。そして公的資金を幹線道路の建設から公共交通機関や都市間鉄道にシフトしていくことで、必要な車の数はさらに減り、「二〇二〇年までに二酸化炭素排出量を八〇パーセント削減する」というプランBの目標に米国を近づけることができるだろう。

プラグ・イン・ハイブリッド車と一〇〇パーセント電気自動車は市場に出回りつつある。二〇一〇年後半には、プラグ・イン・ハイブリッド車の「シボレー・ボルト」が発売される予定だ。同時期に、日産は一〇〇パーセント電気自動車の「リーフ」を米国、日本、欧州の市場に投入する。そして二〇一二年には、トヨタが人気のハイブリッドカー「プリウス」のプラグ・イン版を発売する計画だ。再生可能エネルギーへの移行が勢いを増していけば、いつの日か自動車の主な動力源は風力発電による電力となり、ガソリン一リットル相当の発電コストは三〇セントにも満たないということになるだろう。

すでにガソリンスタンド網と電力網は整備されているので、プラグ・イン・ハイブリッド車と一〇〇パーセント電気自動車への移行には、費用のかかる新たなインフラは必要ない。米国パシフィック・ノースウェスト国立研究所による二〇〇六年の研究では、米国内のすべてのプラグ・イン・ハイブリッド車を動かすのに必要な電力のうち、七〇パーセント以上はすでにある電力供給で満たせると推定されている。充電が主に行なわれるのは、発電能力に余剰が出る夜間になると思われるからだ。家屋の電気接続のほかに必要になるのは、充電が容易になるように車庫や駐車場内、または道路脇にあるパーキング・メーターのところに、使いやすい電気コンセントを設置することだろう。

見直され始めた自転車の魅力

二酸化炭素排出量を削減する方法のうち、短距離の移動に車ではなく自転車を使うことほど効率の良いものはほとんどない。自転車は工学的効率化の極致であり、約一〇キログラムの金属とゴムに投資することで、個人の移動性は三倍に高まる。私が自転車に乗る場合、ジャガイモ一個でゆうに一〇キロメートルは走れるだろう。それに比べて車はたいていの場合、一人を運ぶために一トン以上の物質を必要とするわけで、恐ろしく効率が悪い。

個人の移動形態として自転車には多くの魅力的な点がある。二酸化炭素はゼロ、渋滞を緩和し、大気汚染を減らし、肥満を減らし、そして車を買う余裕のない数十億の人々にも手の届く値段だ。自転車は、渋滞と舗装された土地の面積を減らす一方で、移動性を高める。自転車が車に取って代わるにつれ、都市は駐車場を公園や都市庭園に替えていくことができる。

構内に車があふれかえっており、駐車場の建設費用は一カ所当たり五万五〇〇〇ドルかかるので、大学も都市と同様、自転車に目を向けつつある。シカゴの聖ザビエル大学は、二〇〇八年秋、クレジット・カードの代わりにＩＤカードを使う学生向けのサイクル・シェアリング制度を始めた。ジョージア州アトランタにあるエモリー大学は、無料のサイクル・シェアリング・システムを導入した。ウィスコンシン州のリポン・カレッジやメイン州のニューイングランド大学はさらに先を行っている。車を家に置いてくることに同意した新入生に、自転車を一台ずつ贈っているのだ。

自転車が潜在的に持つ可能性を具現化するためのカギは、自転車にやさしい交通システムを構築することである。つまり、自転車専用道路と車道上の自転車専用レーンを整備し、それを公共交通サービスでつなぐのだ。先進国の中で、自転車にやさしい交通システムの設計で世界をリードしているのは、オランダ、デンマーク、ドイツだ。オランダでは自転車がすべての移動の二五パーセントを占め、デンマークでは一八パーセント、ドイツでは一〇パーセントである。米国の場合、それにあたる数字は一パーセントだ。

日本は高速鉄道開発の先導者

未来の都市内交通はＬＲＴ、バス、自転車、車、徒歩の組み合わせとなる一方、未来の都市間の移動は高速鉄道によるものとなる。日本の新幹線は最高時速およそ三〇〇キロメートルで運行され、一日当たり四〇万人近くの乗客を運んでいる。利用者の多い都市間では、新幹線は三分間隔で運行されている。

この四六年間、日本の新幹線は命に関わるような事故を起こすことなく、何十億人という乗客に非常に快適な移動を提供してきた。到着時刻の遅延は平均六秒である。「現代世界の七不思議」を選ぶとしたら、日本の新幹線システムはまちがいなくその一つに入るだろう。

欧州ではじめての高速鉄道がパリ－リヨン間に開通したのは一九八一年になってからのことだったが、それ以降、欧州は飛躍的な進歩を遂げてきた。二〇一〇年現在、欧州で運行されている高速鉄道の総延長は六一〇〇キロメートル余りになる。目標は、二〇二五年までにこの総延長を三倍に伸ばし、最終的には東欧の国々も取り込んで大陸鉄道網をつくることだ。

都市間高速鉄道がつながることで、長距離ドライブと短距離フライト——どちらも二酸化炭素の排出量が多い——が減り、旅のパターンが変わりつつある。ブリュッセルとパリをつなぐ路線が開通して、この二都市間を鉄道で移動する人の割合は二四パーセントから五〇パーセントへと増加した。車の割合は六一パーセントから四三パーセントへと減少し、飛行機で移動する人はほぼいなくなった。

欧州ではじめに都市間鉄道を導入したのはフランスとドイツだったが、スペインは大変人気の高い高速鉄道網を急速に築いている。最近になってバルセロナ－マドリッド間が高速鉄道で結ばれる以前は、この二都市間を移動する年間延べ六〇〇万人のうち九〇パーセントが飛行機を使っていた。二〇一〇年前半には、飛行機よりも鉄道を使う人のほうが多くなっている。二〇二〇年には、スペインの交通予算の半分は鉄道に使われるようになるだろう。『エコノミスト』紙が書いたように、「欧州は高速鉄道革命の真っただ中にある」のだ。

最近まで、日本や欧州の高速鉄道と、それ以外の国々の高速鉄道の間には大きな差があった。それが変わりつつあるのは、中国が世界最速の列車と、どの国よりも大がかりな高速鉄道建設計画とを携えて前面に出てきているからだ。中国は、土地不足や石油への依存などのさまざまな理由で、米国式の高速道路建設から、現在六〇路線ほどが建設中の都市地下鉄システムと直接つながる都市間高速鉄道網の構築へと重心を移しつつある。目指しているのは、中長距離の移動のために車や飛行機を使う必要性をなくすことだ。二〇一〇年、鄭州-西安間に四八〇キロメートル余りの路線が開通したとき、低価格の二時間の列車の旅は大人気となり、この二都市間の航空路線はすべて廃止された。

二〇一〇年、中国は高速鉄道に一二〇〇億ドルを費やしているのに対し、米国は一〇億ドルである。米国は景気刺激策の一部として八〇億ドルを高速鉄道に配分したが、中国は同じ高速鉄道に景気刺激策の財源のうち一〇〇〇億ドルを割り当てた。したがって、二〇一二年までに中国の高速鉄道の総延長が、残りすべての国の総延長の合計より長くなったとしても驚くことはない。

米国には、ワシントン、ニューヨーク、ボストンを結ぶ「高速」の特急アセラがあるが、残念ながら、一一〇キロメートルという平均時速も信頼性も、日本や欧州の鉄道に及びもつかないし、いまや中国にもまったく及ばない。

「使い捨て経済」からの脱却

米国にとっては、道路や幹線道路から鉄道へと投資の重点を移し、二一世紀の輸送システムを構築すべきときが来ている。一九五六年、アイゼンハワー大統領は州間幹線道路システムを立ち上げ、国家安全保障のためだとその必要性を正当化した。今日では、気候変動と石油の不安定な状況の両方が、全国的な高速鉄道システムの建設を強く訴えている。

高速鉄道の場合、乗客一人を一キロメートル運ぶときに排出する二酸化炭素の量は、車のおよそ三分の一、飛行機の四分の一である。プランBの経済では、鉄道からの二酸化炭素排出量は基本的にゼロとなる。鉄道の動力源は風力、太陽光、地熱によって発電された電力になるからだ。このような鉄道網は快適で便利なうえ、大気汚染や渋滞も減らす。

交通システムを再構築すると、LRTやバスが車に取って代わることになるので、原材料の使用量を減らせる可能性も非常に高い。たとえば、六〇台の車の重量は合計一一〇トンだが、これを一二トンのバス一台に置き換えることができ、原材料使用量は八九パーセント減らせる。

車を自転車に切り換えると節約はさらに大きくなる。都市計画の専門家であるリチャード・レジスターは、自転車推進活動をしている友人に会ったときのことをこう語っている。その友人の着ていたTシャツには、「私は一六〇〇キログラムの減量をしたところです。どうやって減らしたか、尋ねてください」と書いてあった。質問してみるとその友人は、車を売ったのだと答えた。重さ一六〇〇キログラムの車をやめて一〇キログラムの自転車にすると、当然、燃料使用量を大幅に減らせるが、原材料使用量も九九パーセント減らせることになり、間接的にさらに多くのエネルギーを節約できる。

現代の使い捨て経済における原材料の生産、加工、廃棄は、原材料だけでなく、その原材料に取り込まれたエネルギーも無駄にしている。この五〇年ほどの間に発達してきた使い捨て経済は「異常」であって、いまや歴史のゴミの山に向かいつつある。

米国の建築家ウィリアム・マクダナーとドイツの化学者マイケル・ブラウンガートは、著書『サステイナブルなものづくり——ゆりかごからゆりかごへ』（山本聡、山崎正人訳、人間と歴史社、二〇〇九年）の中で、廃棄物と汚染は完全に避けるべきものだと結論づけている。「汚染は設計不良の象徴だ」とマクダナーは言う。

高まるリサイクルへの期待

バージン原料の使用量削減は鉄鋼のリサイクルから始まる。鉄鋼の使用量は、ほかの金属の使用量をすべて合わせてもはるかに及ばないほど多い。米国ではほぼすべての車がリサイクルされている。人里離れた廃品置き場で錆びるままに放置しておくには、あまりにも価値があり過ぎるのだ。今では、廃車になる車の数は販売される新車の数を上回っており、実のところ米国の自動車部門には、ほかの経済部門で利用できる鉄鋼の余剰があるのだ。米国の家電製品のリサイクル率は九〇パーセントと推定されている。スチール缶は六五パーセントだ。建築用鋼材の場合、鉄骨や鋼桁ではこの数字は九八パーセントだが、補強鋼では六五パーセントしかない。

原材料の使用量が削減できることに加えて、リサイクルによって節約できるエネルギー量も莫大である。リサイクル・スクラップから鉄鋼をつくる場合、鉄鉱石からつくる場合のエネルギーの二六パーセントで足りる。アルミニウムの場合、その数字はわずか四パーセントだ。再生プラスチックは二〇パーセントのエネルギー使用量で済む。再生紙の場合は六四パーセントであり、処理中に使われる化学物質もはるかに少なくて済む。世界全体におけるこうした素材のリサイクル率が、最も効率の高い国ですでに達成されている値にまで高められれば、世界の二酸化炭素排出量は急減するだろう。

米国では、ゴミのリサイクル率はわずか三三パーセントである。およそ一三パーセントが焼却され、五四パーセントが埋め立てられているので、原材料使用量やエネルギー使用量、汚染を減らせる余地は非常に大きい。米国の大都市の中でも、リサイクル率はニューヨークの二五パーセントからシカゴの四五パーセント、ロサンゼルスの六五パーセント、そして最も高いサンフランシスコの七七パーセントまでさまざまである。

リサイクルを促進する方法の一つは、単純に埋め立て税を導入することだ。たとえば、ニューハンプシャー州のライムという小さな町は、ゴミ袋の数に応じて住民に処理費用を負担させることを自治体に促すゴミ処理有料制（ＰＡＹＴ）を導入したところ、埋め立て場へ向かう物資の量が激減した。ゴミのリサイクル率はわずか一年で一三パーセントから五二パーセントに上昇し、同時に町の埋め立て費用は減り、リサイクルに回せる物資の売却から現金収入が生み出された。現在、米国全体では七〇〇〇以上の自治体がＰＡＹＴ制度を導入している。

リサイクルを促す施策に加えて、詰め替え可能な飲料容器など、製品の再利用を促進あるいは義務づける施策もある。たとえば、フィンランドは使い捨ての清涼飲料容器の使用を禁止している。詰め替え可能なガラスビンを何度も使う場合、一回当たりの使用に要するエネルギー量は、アルミ缶をリサイクルする場合のわずか一〇パーセントだ。詰め替えできない容器の禁止という方法には、五重のメリット――原材料使用量、二酸化炭素排出量、大気汚染、水質汚染、埋め立て費用を同時に削減できる――がある。

ボトル入りの飲料水はなおさら無駄だ。気候を安定させようとしている世界で、水（そもそも水道水である場合が多い）をボトルに詰めて、それを遠く離れたところまで運び、台所の蛇口から出る水の一〇〇〇倍もの価格で売ることを正当化するのは難しい。巧妙な市場戦略によって、多くの消費者は、水道水よりもボトル入り飲料水のほうが安全で健康にも良いと思い込んでいるが、世界自然保護基金（WWF）の詳細な調査結果によると、米国や欧州では、ボトル入り飲料水の水質基準よりも水道水の水質を規制する基準のほうがたくさんある。水が安全ではない発展途上国では、ボトル入りの水を買うよりも、水を沸かすか濾過したほうがはるかに安価だ。

米国だけで毎年二八〇億本近くも、水を詰めるためのペットボトルを製造するには、石油一七〇〇万バレル相当が必要となる。これはつまり――そのボトル入り飲料水を冷蔵し、トラックでときには数百キロメートルも輸送することも合わせると――米国のボトル入り飲料業界が消費する石油は年間およそ五〇〇〇万バレルになるということだ。これは米国がサウジアラビアから輸入している石油の一三パーセントに相当する。

プランBのエネルギー経済に近づける

どこを見ても、エネルギー使用量を削減できる余地は莫大にある。ロッキー・マウンテン研究所の計算によれば、米国の場合、電力の効率化で上位一〇位までに入る州の効率を一一位以下のすべての州でも達成できれば、全国の電力使用量を三分の一削減できるという。これだけで米国の石炭火力発電所の六二パーセント相当を閉鎖できるだろう。だが電力の効率化が上位の州でさえも、さらに電力使用量を削減する余地がたっぷりあり、実際、それらの州は二酸化炭素排出量とコストを減らし続けていく計画である。

省エネの機会は至るところにあり、経済の隅々に、私たちの生活のあらゆる面に、そしてすべての国にあるのだ。無駄にしているこの大量のエネルギーを利用すれば、世界は今後一〇年間に総エネルギー使用量を減らすことができるだろう。こういった潜在的に莫大な効率向上と、次章に概要を述べる再生可能エネルギーへの世界的な移行とを組み合わせれば、世界をプランBのエネルギー経済に近づけることができるだろう。

第九章

風、太陽、地熱のエネルギーを利用する

急速に進む再生可能エネルギー源への移行

化石燃料の価格が上昇するにつれ、石油の不安定さが深まるにつれ、そして気候変動についての懸念が石炭の未来に暗い影を落とすにつれ、世界の新しいエネルギー経済が出現しつつある。石油や石炭、天然ガスが燃料となって支えてきた古いエネルギー経済は、風、太陽、地熱のエネルギーを動力源とする経済に取って代わられようとしている。世界的な経済危機にもかかわらず、このエネルギーの移行は、二年前ですら想像できなかった速度と規模で進行してい

る。

この移行は米国でも進行中だ。米国では最近、石油と石炭の消費量がともに、これ以上増えないところまできた。石油消費量は二〇〇七年から一〇年の間に八パーセント減少し、長期的にも減少が続きそうである。同期間に石炭消費量も八パーセント減少した。強力な草の根の石炭反対運動が、石炭火力発電所の新規認可をほぼ停止の状態に追いやり、既存の発電所の閉鎖に取り組み始めたためだ。

米国の石炭使用量が減少している一方で、総発電容量一万一〇〇〇メガワットにのぼる約三〇〇カ所のウィンド・ファームが稼働を始めた。地熱発電は二〇年間停滞していたが、これも動き始めた。米国に拠点を置く地熱エネルギー協会は、二〇一〇年半ば、一五二基の新規地熱発電所が開発中であり、これによって米国の地熱発電容量が三倍になると発表した。太陽エネルギーの分野では、太陽電池の設置数は二年ごとに倍増している。米国の太陽熱発電所は数十基が建設中であり、完成すれば発電容量は全部で約九九〇〇メガワット増えるだろう。

非経済的な原子力に依存しない

本章では、二〇二〇年までに再生可能エネルギー源を開発するための全世界的なプランBの目標を提示する。「二〇二〇年までに二酸化炭素排出量を八〇パーセント削減する」という目標は、文明を脅かす気候変動を避けるために必要だ、という私たちの考えに基づいている。これは、これまでどおりのプランAではない。戦時下の動員とも言うべきプランB――つまり、世界のエネルギー経済を再構築するための総力を挙げた取り組みなのである。

プランBの目標を達成するために、私たちは、石炭火力と石油火力による発電をすべて再生可能エネルギー源による発電に置き換える。二〇世紀はあらゆる国が石油――その多くが中東産――に頼るようになったことによる「世界のエネルギー経済のグローバル化」が特徴だったが、それに対して、今世紀は、世界が風力や太陽、地熱のエネルギーに向かうため、「エネルギー生産のローカル化」が起こるだろう。

プランBのエネルギー経済は、主に電力を動力源とすることになるが、原子力発電の増強には頼らない。すべてのコストを反映させた価格設定を用いれば――放射性廃棄物の処理、老朽化した発電所の廃炉、起こり得る事故やテロ攻撃に対する原子炉の保険にかかる費用は、電力会社が支払うよう強く求めることになる――誰も原子力発電所を建設しようとはしないだろう。原子力発電所はまったく経済的ではないのだ。プランBには、たびたび論じられる石炭火力発電所から二酸化炭素を回収・貯留するという選択肢も入っていない。そのコストと、そもそも石炭業界内の投資家が関心を持っていないことを考えると、この技術は二〇二〇年までに経済的に実現可能とはならないだろう。

その代わりに、プランBのエネルギー経済の中心となるのは風力である。風は豊富にあるし、低コストで、広く行き渡っているうえ、容易に規模を拡大でき、短期間に開発できる。全米科学アカデミーが発表した二〇〇九年の世界の風力資源調査によると、陸上の風力発電の潜在量は、すべての発電源を合計した世界全体の電力消費量の四〇倍だという。

注目を集めるウィンド・ファーム

長い間、ひと握りの国だけが風力発電の成長の中心となってきたが、この産業がグローバル化するにつれて状況は変わりつつあり、現在では七〇カ国以上が風力資源を開発している。二〇〇〇年から二〇一〇年の間に、世界の風力発電容量は、一万七〇〇〇メガワットから二〇万メガワット近くへと猛烈な勢いで増加した。

三万五〇〇〇メガワットの風力発電容量を持つ米国は、風力の利用で世界をリードしており、それに続いているのがそれぞれ二万六〇〇〇メガワットの中国とドイツである。長い間、米国で石油生産量第一位のテキサス州はいまや、風力発電でも米国一の州となっている。同州の風力発電容量は、稼働中のものが九七〇〇メガワットで、さらに三七〇〇メガワット相当が建設中であり、開発段階にあるものの容量は莫大である。二〇二五年に向けて計画されているウィンド・ファームがすべて完成すると、テキサス州の風力発電容量は三万八〇〇〇メガワットになり、これは石炭火力発電所三八基分に相当する。これだけあれば、人口二五〇〇万人を抱える同州の現在の家庭用電力需要のうち、およそ九〇パーセントを満たすことができるだろう。

二〇一〇年七月、カリフォルニア州ロサンゼルスの北一二〇キロメートルほどのところにあるテハチャピ峠で、アルタ風力エネルギー・センター（ＡＷＥＣ）が着工された。発電容量は一五五〇メガワットで、米国最大のウィンド・ファームになるだろう。ＡＷＥＣは、最終的に四五〇〇メガワットになる再生可能エネルギー発電の一部であり、およそ三〇〇万世帯に電力を供給できる。

ウィンド・ファームの土地面積のうち風力タービンが占める面積は一パーセントにすぎないので、農場や牧場は、ウィンド・ファーム用の土地で穀物栽培や牛の放牧を続けられる。実質的に、その土地で、小麦やトウモロコシや牛と電力を同時に収穫する二毛作を行なっていることになるのだ。

農家や牧場主は、自分たちの懐からは投資のためのお金をまったく出さずに、自分の土地にある風力タービン一基につき、通常三〇〇〇〜一万ドルの土地使用料を受け取る。米国の大草原地帯に何千人もいる牧場主たちの場合、風力発電の土地使用料は牛の売却による純利益よりもはるかに多い。

土地のエネルギー生産性を考えるならば、風力タービンがずば抜けている。たとえば、アイオワ州北部のトウモロコシが植えられた土地一エーカー（約四〇〇〇平方メートル）が一年間に産出するエタノールは一〇〇〇ドル相当である。同じ一エーカーに風力タービンを設置すると、一年間に三〇万ドル相当の電気を生み出せる。だからこそ、投資家にはウィンド・ファームが非常に魅力的に思えるのだ。

世界各国で活発化する風力発電計画

米国の風力エネルギーの成長はめざましいが、中国で現在進行中の拡大はさらにすさまじい。中国で利用可能な陸上の風力エネルギーは、現在の電力消費量を一六倍に増やせるだけある。今日、中国の風力発電容量二万六〇〇〇メガワットの大半が、五〇〜一〇〇メガワットのウィンド・ファームで発電されている。ほかにも同規模の多くのウィンド・ファームが計画中だが、それに加えて中国の新しい風力基地計画は、六つの省の七カ所にそれぞれ一〇〜三八ギガワット（一ギガワット＝一〇〇〇メガワット）の巨大風力複合施設を開発中である。これらの複合施設は、完成すれば一三〇ギガワットを超える発電容量になるだろう。これは、二年半の間、一週間に一基のペースで石炭火力発電所を建設し続けるのに相当する。

この一三〇ギガワットのうち、七ギガワットは、中国で工業化が最も進んだ省の一つである江蘇省の沿岸域で発電されることになる。中国は総発電容量二三ギガワットの洋上風力発電を計画している。中国初の大規模洋上風力発電プロジェクトである、上海近海の東海大橋ウィンド・ファーム（発電容量一〇二メガワット）はすでに稼働中だ。

欧州では、現在二四〇〇メガワットの洋上風力発電が稼働しているが、風力発電開発業者は主に北海で総容量一四〇ギガワットの洋上風力発電を計画している。欧州の洋上では、欧州大陸の電力需要の七倍以上を満たせるだけの風力エネルギーが利用可能なのである。

二〇一〇年九月、スコットランド政府は、それまでの「二〇二〇年までに五〇パーセントを再生可能エネルギーによる電力に」という目標を、「八〇パーセント」という新しい目標に切り替えると発表した。スコットランドは、二〇二五年にはすべての電力需要を再生可能エネルギーで満たす予定である。新たに増える発電容量の大部分は、洋上風力発電によって供給されることになるだろう。

風力によって供給される電力の割合で見た場合、世界一の国はデンマークで、その割合は二一パーセントである。ドイツ北部の三州は現在、電力の四〇パーセント以上を風力発電で得ている。ドイツ全体ではその割合は八パーセントであり、さらに伸び続けている。そしてアイオワ州では、この二~三年間に多くの風力タービンが運転を開始し、同州の電力の最大二〇パーセントを生産できるまでになった。

デンマークは、二〇二五年までに、風力発電による電力の割合を五〇パーセントにまで押し上げることを目指しており、その増加分の電力の大部分は洋上で発電される予定だ。デンマークの政策立案者は、この可能性を検討した結果、従来のエネルギー政策を一八〇度転換した。風力を発電システムの柱に据え、化石燃料で発電された電力は風がないときの不足を補うために利用する、という計画である。

スペインは、四五〇〇万の人口に対して一万九〇〇〇メガワットの風力発電容量を持ち、二〇〇九年には風力発電による電力の割合が一四パーセントになった。同年一一月八日には、スペイン中に吹いた強風のおかげで、連続五時間にわたって、風力発電で国の電力の五三パーセントを供給できた。『ロンドン・タイムズ』紙のバルセロナ駐在記者、グレアム・キーリーはこう書いている。「セルバンテスの『ドン・キホーテ』の舞台となったカスティーリャ・ラ・マンチャに高くそびえ立ち、スペインのほかの地域を見下ろしている白い風力タービン群は、風力エネルギー生産の新記録を樹立した」

二〇〇七年、トルコはウィンド・ファーム建設の提案を募集し、七万八〇〇〇メガワットという驚異的な発電容量の風力発電設備建設の入札を受け付けた。これは同国の総発電容量四万一〇〇〇メガワットをはるかに上回る規模だ。トルコ政府はすでに、七〇〇〇メガワット相当の最も有望な提案を選んでおり、建設許可を出す予定だ。

風力が豊富なカナダで、設備容量が大きいのはオンタリオ州、ケベック州、アルバータ州である。カナダで人口が最も多い州であるオンタリオ州は、五大湖のカナダ側における湖上風力発電開発権への応募を受け付けた。完成すれば、発電容量はおよそ二万一〇〇〇メガワットにもなり得る。オンタリオ州の目標は、二〇一四年までに石炭火力発電から全面的に手を引くことだ。

オンタリオ湖の米国側ではニューヨーク州も提案を募集している。五大湖に面するほかの七州のうちいくつかの州では、湖の風を利用することを計画している。

風力タービンの設置を急げ

プランBの中心にあるのは、二〇二〇年までに、プランB経済における世界の電力消費量の半分以上を賄える四〇〇〇ギガワット（四〇〇万メガワット）の風力発電容量を開発する突貫計画である。このためには、発電容量が三年ごとに倍増したこの一〇年間よりもペースを上げて、二年ごとにほぼ倍増していく必要があるだろう。

この気候安定化の取り組みは、二メガワットの風力タービンを二〇〇万基設置するということだ。今後一〇年間に二〇〇万基の風力タービンを製造すると聞くと怖気づきそうだが、年間七〇〇〇万台にも及ぶ世界の自動車生産台数と比べれば、たいしたことはないと思える。

風力タービン一基当たり三〇〇万ドルとして、今から二〇二〇年までに、世界全体で年間六〇〇〇億ドルの費用がかかることになるだろう。これは、二〇一〇年の八〇〇〇億ドルから、二〇一五年には一兆六〇〇〇億ドルに倍増すると予想されている、石油とガスに対する世界全体の設備投資額に匹敵する。

太陽光発電の爆発的成長

プランBエネルギー経済の二つめの要素は太陽エネルギーで、これは風力エネルギーよりもさらにどこにでもあるものだ。太陽エネルギーは、太陽光発電と太陽熱集熱器の両方を用いて利用できる。太陽光発電は、結晶シリコン型であっても薄膜型であっても、太陽光を直接電気に換える。集光型太陽熱発電（CSP）と呼ばれることが多い大規模な太陽熱技術は、反射鏡を用いて太陽光を液体の上に集め、蒸気をつくり出してタービンを動かし、発電する。規模がより小さいものの場合、屋上太陽熱温水器のように、太陽熱集熱器が太陽光の放射エネルギーを集めて水を温めることができる。

太陽電池生産量の伸びは「爆発的」としか表現しようがない。二〇〇六年には年率三八パーセント増だったのが、二〇〇八年には年率八九パーセント増にまで一気に伸びたのち、二〇〇九年には五一パーセント増にまで戻した。二〇〇九年末の時点で、太陽光発電の設備容量は世界全体で二万三〇〇〇メガワットであり、最大出力時であれば原子力発電所二三基分の出力に匹敵する。

製造分野では、初期に世界をリードしていた米国、日本、ドイツは中国に抜かれ、中国における太陽電池の年間生産量は日本の二倍以上になっている。第三位の台湾は急成長しており、二〇一〇年には日本を抜くかもしれない。世界全体の太陽光発電システム生産量は、二〇〇一年以降、二年ごとにほぼ倍増してきており、二〇一〇年には二万メガワットに到達しそうだ。

ドイツは、太陽光発電の設備容量が一万メガワット近くあり、設備容量では他国を大きく引き離し世界一位である。二位は三四〇〇メガワットのスペインで、次いで日本、米国、イタリアだ。皮肉にも、中国は太陽電池生産量では世界一だが、設備容量はわずか三〇五メガワットである。だが、太陽光発電システムのコストが下がるにつれて、この状況もあっという間に変わる可能性がある。

かつては、太陽光発電システムの設置は小規模で、主に住宅の屋上に設置された。いくつかの国で実用規模の太陽光発電計画が開始されるにつれて、今ではそれが変わってきている。たとえば米国では、七七の発電所規模のプロジェクトが建設・開発途上にあり、発電容量は最大で一万三二〇〇メガワット増えることになる。モロッコでは現在、五つの大規模太陽発電プロジェクト（太陽光発電、太陽熱発電、またはその両方）が計画されており、それぞれの規模は一〇〇〜五〇〇〇メガワットである。

太陽光発電の設置目標を設定している国や州がどんどん増えている。イタリアの太陽エネルギー業界は、二〇二〇年までに、設備容量は一万五〇〇〇メガワットになると予想している。日本は二〇二〇年までに二万八〇〇〇メガワットにする計画だ。カリフォルニア州は、二〇一七年までに三〇〇〇メガワットという目標を設定している。

太陽の光がさんさんと降り注ぐサウジアラビアは最近、国内の家庭用水を供給する新たな海水淡水化プラントの動力源を、石油から太陽エネルギーに移行する計画であると発表した。サウジアラビアは現在、およそ三〇カ所の海水淡水化プラントを運転するために、一日当たり一五〇万バレルの石油を使っている。

太陽光発電の設置が増加し、コストが下がり続け、気候変動への懸念が高まれば、二〇二〇年には、太陽光発電の累積設置量が一五〇万メガワット（一五〇〇ギガワット）に到達する可能性がある。この見積もりは野心的過ぎるように思えるかもしれないが、実際には控えめな評価かもしれない。なぜなら、現在電気を使えていない一五億人の大部分が二〇二〇年までに電気を使うようになるならば、そういった人々は家庭用太陽光発電システムを導入しているので、その可能性が高まるからだ。多くの場合、個人の住宅に太陽電池を設置したほうが、集中型の発電所と送電網を整備するよりも費用は安くて済む。

集光型太陽熱発電（CSP）発電所への期待が高まる

大きな規模で太陽エネルギーを利用する二つめの方法として、大変有望なのが集光型太陽熱発電（CSP）である。CSPが最初に登場したのは、カリフォルニア州に三五〇メガワットの太陽熱発電複合施設が建設されたときだ。これは一九九一年に完成したもので、二〇〇七年にネバダ州に六四メガワットの発電所が完成するまでは、世界で唯一の発電所規模の太陽熱発電施設だった。

二年後の二〇〇九年七月、ミュンヘン再保険が主導し、ドイツ銀行、シーメンス、ABBなど欧州の大手企業一一社とアルジェリアの企業一社からなるグループは、北アフリカと中東に太陽熱発電能力を開発するための戦略と資金計画を立案する予定だと発表した。この構想が実現すれば、生産国の電力需要を満たしたうえ、海底ケーブルによって欧州の電力の一部も供給できるだろう。

「デザーテック」事業イニシアティブ（DII）と呼ばれるこの取り組みでは、どんな基準に照らしても「莫大」である三〇万メガワットの太陽熱発電容量を開発することも可能だ。このイニシアティブの原動力となっているのは、破壊的な気候変動と、石油やガスの埋蔵量の枯渇に対する懸念である。ドイツ銀行のカイオ・コフ・ベーゼル副会長は、「このイニシアティブは、我々が気候変動のもたらす課題を克服するつもりであるならば、どのような次元で、どのような規模で考えなければならないかを示しています」と述べている。

数十年間にわたって石油の輸出をしてきたアルジェリアは、この計画以前にも、発電容量六〇〇〇メガワットの太陽熱発電設備を建設し、海底ケーブルで電力を欧州に輸出することを計画していた。アルジェリアは、「我が国には、広大な砂漠地帯に、世界経済全体に電力を供給できるだけの利用可能な太陽エネルギーがある」と言う。これは計算間違いではない。太陽エネルギーの文献には同様の指摘が頻繁にあり、「地球に一時間照る太陽光は、世界経済に一年分の電力を供給できる」と記されている。ドイツ政府はこのアルジェリアの取り組みに迅速に反応した。この計画は、アルジェリアの砂漠の奥地にあるアドラールからオランダ国境にあるドイツの町アーヘンまで、三〇〇〇キロメートルにわたって高圧送電線を敷設するというものだ。

太陽熱発電はなかなか立ち上がらなかったが、現在、発電所規模の設備が急速に建設されている。この分野を主導している二カ国が、米国とスペインだ。米国では四〇基以上の太陽熱発電所が稼働、建設、または開発の段階にあり、それぞれは一〇～一二〇〇メガワットの規模である。スペインでは、六〇基の発電所が同様の開発段階にあり、その多くが五〇メガワット規模のものだ。

CSPに理想的に適している国がインドである。インド北西部にあるタール砂漠は、太陽熱発電所を建設するための莫大な機会を提供する。この砂漠に数百基の大規模発電所をつくれば、インドの電力需要の大部分を満たせるだろう。そして国土がそれほど広大ではないため、主な人口密集地まで敷設する送電線の距離が比較的短くて済む。

発電所規模のCSP発電所が持つ魅力の一つは、日中の熱を五四〇℃以上の温度で溶解塩に蓄えておける点だ。そして日没後、その熱を利用してタービンを八時間以上回し続けることができる。

米国太陽エネルギー学会によると、米国南西部にある太陽熱資源で、現在の米国の電力需要のほぼ四倍以上を満たせるという。

世界レベルでは、環境NGOのグリーンピース、欧州太陽熱発電協会、国際エネルギー機関（IEA）による研究プログラム「SolarPACES」が、二〇五〇年までに太陽熱発電容量一五〇万メガワットを開発する計画をまとめた。プランBの場合、二〇二〇年までに世界全体で二〇万メガワットという、より短期の目標を提案する。この目標は、太陽熱発電の経済性が明らかになるにつれて超えられると思われる。

屋上太陽熱の有効利用が進む

太陽熱集熱器のもう一つの利用法である屋上太陽熱温水器の設置が急増し始めるにともない、太陽エネルギー開発のペースは加速している。たとえば中国では、現在設置されている屋上太陽熱温水器の面積は推定一億八〇〇〇万平方メートルにのぼり、これは一億二〇〇〇万世帯の中国の家庭に温水を供給できる量だ。約五〇〇〇の中国メーカーがこういった装置を製造しており、それほど複雑でなくコストもかからないこの技術は、まだ電気を持たない村々へ一足飛びに入っていった。わずか二〇〇ドルで、村の人たちは屋上太陽熱温水器を設置し、生まれてはじめての温水シャワーを浴びることができるのだ。この技術は野火のように中国に広がっており、すでに市場が飽和に近づいている地域もある。中国政府は、二〇二〇年までに、屋上太陽熱温水器の設置面積をさらに九三〇〇万平方メートル増やすことを目指しており、この目標はおそらく超えられるだろう。

インドやブラジルなどの他の発展途上国でもまもなく、数百万世帯がこの低価格の温水技術を利用するようになるかもしれない。ひとたび屋上太陽熱温水器を設置する初期費用が回収されれば、基本的にタダで湯が使えるのだ。

エネルギー・コストが相対的に高い欧州でも、屋上太陽熱温水器が急速に普及している。オーストリアでは現在、全世帯の一五パーセントが太陽熱温水器による湯を使っている。中国と同様、オーストリアにも、ほぼすべての家に屋上太陽熱温水器が設置されている村がある。ドイツも着実に前進している。現在、屋上型太陽熱温水・暖房器を備えている家に住むドイツ人はおよそ二〇〇万人にもなる。

米国の屋上型太陽熱温水・暖房器の業界はこれまで、ニッチ市場に注力してきており、一九九五年から二〇〇五年の間に、九万平方メートルのスイミング・プール用太陽熱温水器をマーケティング・販売してきた。この基盤があったので、二〇〇六年に連邦税控除が導入された際、この業界は一般向けの家庭用太陽熱温水・暖房システムを販売する態勢が整っていたのだ。ハワイ州、カリフォルニア州、フロリダ州が主導し、米国におけるこのシステムの年間設置面積は、二〇〇五年以降、三倍以上に伸びた。米国で最も思い切った取り組みは、「二〇一七年までに太陽熱温水器を二〇万台設置する」というカリフォルニア州の目標である。それにほとんど引けをとらないのが、二〇一〇年に出されたニューヨーク州の目標で、「二〇二〇年までに一七万台の家庭用太陽熱温水システムを稼働させる」ことを目指している。

欧州と中国での太陽熱温水・暖房器は経済的魅力が非常に大きく、節電によって一〇年も経たないうちに採算が取れる場合が多い。イスラエル、スペイン、ポルトガルでは、すべての新築建物に屋上太陽熱温水器の設置を義務づけているが、屋上太陽熱温水・暖房器のコストが下がっているなか、ほかの多くの国々もその動きに加わると思われる。ハワイ州は、すべての新築の一戸建て住宅に屋上太陽熱温水・暖房器を設置することを義務づけている。世界全体では、プランBは二〇二〇年までに屋上太陽熱温水・暖房器の総容量を一一〇〇ギガワットサーマル（訳者注：ギガワットサーマルは熱利用設備の容量を表す単位。設置面積に換算すると約一五億七〇〇〇万平方メートル）にすることを求めている。

地球に眠る膨大な地熱エネルギーを活用

プランBのエネルギー経済を支える主な要素の三つめは地熱である。地殻の上層一〇キロメートルにある熱のエネルギー量は、世界全体の石油埋蔵量と天然ガス埋蔵量を合わせたものの五万倍に相当する。驚くべき数字だ。地熱はこのように豊富であるにもかかわらず、二〇一〇年半ば現在、利用されている地熱の発電容量は世界全体でわずか一万七〇〇〇メガワット、およそ一〇〇〇万世帯分の電力でしかない。

世界全体の地熱発電容量のざっと半分は、米国とフィリピンに集中している。残り半分の大部分はメキシコ、インドネシア、イタリア、日本で発電されている。現在、全部で二四カ国が地熱エネルギーを電力に変換している。エルサルバドルでは、電力全体に占める地熱発電の割合が二六パーセント、アイスランドでは二五パーセント、フィリピンでは一八パーセントである。
地熱を利用して電力を供給し、家を暖め、産業プロセス用の熱源にできる潜在可能性は莫大だ。地熱が豊富な国はチリ、ペルー、コロンビア、メキシコ、米国、カナダ、ロシア、中国、日本、フィリピン、インドネシア、オーストラリアなど、いわゆる環太平洋火山帯に面する国々である。ほかに地熱に恵まれているのは、エチオピア、ケニア、タンザニア、ウガンダなど、アフリカ大地溝帯に沿った国々と東地中海地域周辺の国々だ。二〇一〇年現在、開発中または活発に検討中のプロジェクトがある国はおよそ七〇カ国で、二〇〇七年の四六カ国から増加している。

地熱発電のほかに、最大で一〇万メガワットサーマルの地熱エネルギーが、そのまま——電力に変換しないで——家や温室の暖房、産業プロセス用の熱として利用されている。たとえば、アイスランドでは九〇パーセントの家庭の暖房に地熱エネルギーが用いられている。

二〇〇六年にマサチューセッツ工科大学（ＭＩＴ）が集めた一三人の科学者と技師による学際的なチームが、米国の地熱発電の可能性を評価した。チームの推定では、石油会社やガス会社が掘削や石油増進回収（ＥＯＲ）に用いる技術などの最新技術を駆使すれば、強化地熱システムによって、米国は自国のエネルギー需要の二〇〇〇倍を満たして余りあるという。

この心躍る新技術はまだ広く適用されてはいないが、すでに投資家たちは既存の技術を推進している。米国の地熱エネルギーは、長い間、主にサンフランシスコの北にあるガイザーでのプロジェクトしかなかった。これは八五〇メガワットの発電容量を持つ、世界でも群を抜く規模の地熱発電複合施設である。現在、米国にはすでに三〇〇〇メガワット以上の地熱発電容量があり、一三の州に開発中のプロジェクトがある。カリフォルニア州、オレゴン州、アイダホ州、ユタ州が先導し、この分野に多くの新規企業が参入し、〝地熱ルネッサンス〟の舞台は整っている。

二〇〇八年の中頃、インドネシア——一二八の活火山があり、そのため地熱エネルギーが豊富な国である——は、発電容量六九〇〇メガワット相当の地熱発電を開発すると発表した。国営石油企業のプルタミナが、開発において最大の割合を担っている。ここ一〇年間、インドネシアの石油生産は減少を続けており、この五年間はどの年も石油の輸入国になっている。プルタミナがエネルギー源を石油から地熱エネルギー開発へ転換すれば、石油から再生可能エネルギーへと移行した（国営、独立系を問わず）最初の石油企業になるだろう。

日本には総発電容量が五三五メガワットになる一八の地熱発電所があり、この分野の先駆的存在だった。二〇年近く停滞していたのち、地熱の豊かなこの国は——昔から数千カ所の温泉で知られている——再び地熱発電所の建設を始めている。

アフリカの大地溝帯にある国々の中で、はじめのころ地熱分野を主導したのはケニアである。現在、一六七メガワットの発電容量を持ち、二〇二五年までにさらに一二〇〇メガワットを増やす計画だ。これは、現在のすべてのエネルギー源による総発電容量の二倍近くになる数字だ。同国では二〇三〇年までに、地熱発電容量を四〇〇〇メガワットにすることを目指している。

発電だけでなく、現在では地熱（地中熱源）ヒートポンプも冷房と暖房の両方に広く利用されている。これは、地表近くの地中温度が驚くほど安定していることを利用し、気温の低い冬には熱源として、気温の高い夏には冷却源として利用するものだ。この技術が非常に魅力的なのは、暖房と冷房の両方を行なえる点と、従来のシステムに比べて二〇~二五パーセント少ない電力で済む点だ。ドイツでは現在、住宅や商業ビルで一七万八〇〇〇台の地中熱源ヒートポンプが稼働中である。毎年、少なくとも二万五〇〇〇台のポンプが新たに設置されている。

北国の温室にとって地熱は理想的だ。ロシア、ハンガリー、アイスランド、米国をはじめとする多くの国々が、地熱を利用して冬に新鮮な野菜を生産している。原油価格の高騰が生鮮食品の輸送コストを押し上げれば、この方法は今よりもずっと普及していきそうだ。

環太平洋火山帯に位置する国々の中で最も人口が多い四カ国――米国、日本、中国、インドネシア――が地熱資源の開発に本格的に投資すれば、プランBの目標である「二〇二〇年に、数千基の地熱発電所がおよそ二〇万メガワットの発電をしている世界」をたやすく思い描くことができる。

エネルギー作物の有用性は限定的

石油と天然ガスの埋蔵量は枯渇しつつあるため、世界の目は植物由来のエネルギー源にも向けられつつある。それはエネルギー作物、林業の副産物、製糖業の副産物、都市の廃棄物、畜産廃棄物、成長の速い樹木の栽培、農作物の残渣、都市の庭木ゴミなどで、これらはすべて発電や暖房、自動車用燃料の生産に利用できる。

エネルギー作物の潜在的有用性は限られている。穀物の中で最もエネルギー効率の良いトウモロコシでさえ、太陽エネルギーのうち利用可能な形に変換できる割合は〇・五パーセントにすぎないからだ。それに対して太陽光発電や太陽熱発電は、太陽光のおよそ一五パーセントを電力に変換できる。単位面積当たりの電力生産額で見ると、風力発電による電力はトウモロコシ由来のエタノールの三〇〇倍以上である。この土地不足の世界で、エネルギー作物は太陽エネルギーで発電された電力には太刀打ちできないし、ましてや風力とでは勝負にならない。

新しい水力エネルギーの誕生

さらにもう一つの再生可能エネルギー源は水力である。この「水力」という言葉は従来、川の流れのエネルギーを利用するダムのことを指していたが、現在では、潮力や波力のエネルギー利用や、ダムをつくらずに川や潮のエネルギーを回収する小型の水中タービンを利用するものにも用いられる。

世界の電力のうち、およそ一六パーセントが水力によるもので、その大部分が大規模なダムで発電されている。ブラジル、ノルウェー、コンゴ民主共和国など、電力の大部分を川での発電から得ている国もある。

潮力は潜在量が莫大なので、ある程度の魅力がある。最初の大規模潮力発電施設であるランス潮汐発電所(最大出力二四〇メガワット)は、四〇年前にフランスに建設され、今も運転されている。この二~三年で潮力への関心が急激に広まってきた。たとえば韓国は、西海岸に二五四メガワットのプロジェクトを建設中で、これによって近隣の安山市に住む五〇万人が使うすべての電力を供給できるだろう。北にある別の場所では、技術者がソウル近郊の仁川湾に一三二〇メガワットの潮力発電施設を計画中である。またニュージーランドは、北西部沿岸にあるカイパラ湾で二〇〇メガワットのプロジェクトを計画している。

潮力よりも数年後れてはいるものの、波力も現在、技術者と投資家双方の関心を引きつけている。スコットランドの企業アクアマリン・パワーとSSEリニューアブルズは共同で、アイルランド沖と英国沖に一〇〇〇メガワットの波力・潮力発電所を建設する計画を進めている。アイルランドは、「二〇二〇年までに五〇〇メガワットの波力発電容量」を計画中で、これは同国の電力の八パーセントを供給できる量である。世界全体では、波力の利用によって一万ギガワットという莫大な量の電力を生み出せる可能性があり、これは、現在の世界全体のあらゆるエネルギー源による総発電容量の二倍以上である。

二〇〇九年に世界全体で運転中の水力発電は九八〇ギガワット(九八万メガワット)だったが、二〇二〇年には一三五〇ギガワットにまで拡大すると私たちは予想している。中国の公式予測では、主に南西部の大規模ダムの発電によって、同国の発電容量は一八〇ギガワット増加するはずだという。私たちの予想する水力発電の増加量のうち残りの一九〇ギガワットは、ブラジルやトルコのような国々で今も建設されている少数の大規模ダムや、サハラ以南のアフリカで現在計画段階にあるダム、数多くの小規模水力発電施設、急増している潮力発電プロジェクト、それよりも小規模のおびただしい数の波力発電プロジェクトがもたらすだろう。

正しいエネルギー構成は各国の資源量が決める

前章で概要を述べたエネルギー効率の向上は、二〇二〇年までに予想されるエネルギー使用量の増加分を相殺して余りある。プランBの次のステップである「二酸化炭素排出量の八〇パーセント削減」は、化石燃料を再生可能エネルギー源で置き換えることで達成できる。基準年の二〇〇八年から、プランBエネルギー経済となる二〇二〇年までの幅広い転換を見ると、再生可能エネルギーによる発電量が五倍増加し、現在発電に使われている石炭・石油のすべてと天然ガスの七〇パーセントに取って代わるので、化石燃料によって発電される電力は世界全体で九〇パーセント減少する。風力、太陽光、太陽熱、地熱がプランBエネルギー経済の中心となるだろう。しかし、前述したように、その大黒柱は風力で、建物の冷暖房や照明用の電力、車や鉄道を走らせる電力の主なエネルギー源となるだろう。

プランBの「二〇二〇年までに再生可能な熱利用を三倍にする」——そのおよそ半分は地熱

エネルギーの直接利用による――との想定が実現すれば、暖房と給湯に使われている石油もガスも大幅に減るだろう。そして、交通運輸部門では、化石燃料によるエネルギーの使用量はおよそ七〇パーセント減る。これをもたらすのは、一〇〇パーセント電気自動車やほぼ電気のみで走る高効率のプラグ・イン・ハイブリッド車――その電力のほとんどすべては再生可能エネルギーによって発電される――への移行である。また、電車への移行も化石燃料によるエネルギーの使用量を減らす一助となる。電車はディーゼル列車よりもはるかに効率が良いのだ。

各国のエネルギー構成は、その国特有の再生可能エネルギー源の資源量によって形づくられるだろう。米国やトルコ、中国などいくつかの国は、風力や太陽、地熱など幅広い再生可能エネルギーの基盤に頼ることになりそうだ。だが、この三カ国のいずれにおいても、陸上と洋上の両方を合わせた風力発電が主要エネルギー源として浮上すると思われる。

スペイン、アルジェリア、エジプト、インド、メキシコなどほかの国々は、自国経済への電力供給源として、主に太陽熱発電や太陽光発電を用いることになるだろう。アイスランド、インドネシア、日本、フィリピンでは、地熱エネルギーが主軸となりそうだ。ノルウェー、ブラジル、ネパールなど、水力に大きく頼る国もあるだろう。屋上太陽熱温水器など、ほぼあらゆる場所で利用されることになりそうな技術もある。

変容を迎えるエネルギー輸送システム

移行が進むにつれ、エネルギー源から消費者までエネルギーを輸送するためのシステムもまるっきり姿を変えるだろう。従来のエネルギー経済では、油田から消費者までの長い距離をパイプラインやタンカーが石油を運んだ。たとえば、ペルシャ湾から各大陸の市場までタンカーの大船隊が石油を運ぶ、といった具合だ。新しいエネルギー経済では、パイプラインの代わりに送電線がエネルギーを送るようになるだろう。

最終的に全米送電線網となるかもしれないものの部分的な案が、落ち着くところに落ち着き始めている。テキサス州は、風力の豊富な州西部や「テキサスのパンハンドル《フライパンの取っ手》」と呼ばれる州最北部地域とダラス、フォート・ワース地域やサン・アントニオなどの消費中心地とを結ぶ最大四七〇〇キロメートルの新たな送電線を計画中だ。ワイオミング州とモンタナ州の豊かな風力資源とカリフォルニア州の巨大市場は、二本の高圧直流（ＨＶＤＣ）送電線でつながることになろう。ほかに、大草原地帯の北部の風力と中西部の工業地帯とを結ぶ送電線の案もある。

二〇〇九年後半、送電会社のトレス・アミーガスは、ニューメキシコ州クロービス市に米国の三つの主要送電系統（西部系統、東部系統、テキサス系統）をはじめてつなぐ「スーパーステーション」を建設する計画を発表した。これによって、実質的に米国ではじめての全国送電網が生み出されることになるだろう。二〇一二年に着工、二〇一四年に完成予定のこのスーパーステーションができれば、主に再生可能エネルギー源によって発電された電力を米国中の送電インフラに流せるようになる。

二〇一〇年中頃、グーグルは「アトランティック・ウィンド・コネクション」と呼ばれる、ニューヨーク州からバージニア州までを結ぶ五〇億ドル規模の海底送電計画に大規模な投資を行なうことを発表し、大きなニュースになった。これによって、東海岸の住民五〇〇万人の電力需要を満たせるだけの洋上ウィンド・ファームの開発が促されるだろう。

しっかりした高効率の全国送電網があれば、必要な発電容量は減り、消費者のコストは下がり、二酸化炭素排出量は削減されるだろう。風の様子がまったく同じウィンド・ファームは二つとないので、一つが送電網に加わるたびに風力の電力供給源としての安定度が増す。数千のウィンド・ファームが米国の至るところに広がり、全国的な送電網が整備されるとしたら、風力は安定的なエネルギー源としてベースロード電力の一部を担うことになる。

欧州もスーパーグリッドへの投資を真剣に考え始めている。二〇一〇年前半、欧州企業一〇社が「フレンズ・オブ・スーパーグリッド」を設立した。この業界団体は、HVDC海底ケーブルを用いて沖合に欧州のスーパーグリッドを構築することを提案している。このやり方なら、大陸の地上にシステムを建設する際の、時間のかかる土地買収が不要となる。そしてこの送電網は、計画中の「デザーテック」イニシアティブとぴったりつながって、欧州北部の洋上風力資源と北アフリカの太陽資源を一つのシステムに統合し、両地域に電力を供給するようになるだろう。スウェーデンのABBグループは、二〇〇八年に、ノルウェーとオランダを結ぶ総延長六五〇キロメートルのＨＶＤＣ海底ケーブルを完成させており、必要な送電線の敷設を支援する好位置にある。

都市は生まれ変わる

各国政府は、化石燃料から再生可能エネルギーへの移行を加速させるさまざまな政策手段を検討している。その一つは税制の再構築で、所得税を減税し、化石燃料の燃焼にかかる間接費用を含めるよう二酸化炭素排出に対する税を引き上げるというものだ。偽りのないエネルギー市場をつくり出すことができれば、再生可能エネルギーへの移行は大幅に加速するだろう。

エネルギーの移行を加速させるもう一つの手段は、化石燃料への補助金を撤廃することだ。現在、各国政府が化石燃料の使用に対して拠出している補助金は、年間およそ五〇〇〇億ドルにのぼる。これに対して、再生可能エネルギーへの補助金は年間四六〇億ドルにすぎない。

電力部門を再編成するためには、固定価格買取制度――再生可能エネルギー源で発電された電力を、電力会社が固定価格で買い取ることを義務づける制度――がめざましい成功を収めている。ドイツがいち早くこの政策で見事な成功を収めたことによって、ほかにも、ＥＵの大部分の国々など、およそ五〇カ国がこの政策を導入することになった。米国では、二九州が、電力会社に対して再生可能エネルギー源による電力の割合を全体の四〇パーセントまで引き上げることを求める、ＲＰＳ制度（再生可能エネルギー利用割合基準）を導入している。また、米国は風力、地熱、太陽光、太陽熱温水・暖房、地中熱源ヒートポンプに対して税控除も行なっている。

目標によっては、その達成のために、政府が「すべての新築の建物に屋上太陽熱温水器の設置を義務づける」など、単純に義務化する場合もある。あらゆるレベルの政府がエネルギー効率化の建築基準を導入しつつある。各国の政府は、自国特有の経済状況や文化的背景において、最もうまく機能する政策手段を選ばなければならない。

新しいエネルギー経済では、私たちの都市はこれまでに見たことのあるどの都市とも異なったものになるだろう。空気はきれいで、通りは静かで、電気モーターのブーンという音がかすかに聞こえるだけだ。石炭火力発電所が解体・再生利用され、ガソリン・ディーゼル燃焼機関はほぼ姿を消すので、大気汚染警報は過去のものになるだろう。

この移行の動きは現在、どんどん勢いを増している。その原動力は「私たちは、地球がある限り使い続けられるエネルギー源を開発しつつあるのだ」との認識がつくり出すワクワク感だ。油田は枯渇し、石炭層は掘り尽くされるものだが、産業革命以降はじめて、私たちは永久になくならないエネルギー源に投資をしているのである。

第一〇章

経済を支える自然のシステムを修復する

洪水の原因は大雨ではない

二〇一〇年の夏の終わりにパキスタンで起こった記録的な洪水は、同国史上、最悪の自然災害だった。メディアの報道では、「大雨が原因だ」と伝えられていたが、それは話のごく一部でしかない。一九四七年のパキスタン建国当時は、国土の約三〇パーセントが森林に覆われていた。今では四パーセントである。パキスタンの家畜数は米国のそれを上回っている。今なお茂っている森林はほとんどなく、農村地帯では草が食べ尽くされ裸地になっているため、降った雨を保持する植生はわずかしかない。

パキスタンは、テキサス州よりもほんの少し広い面積の国土に一億八五〇〇万人が詰め込まれるように暮らしている国だが、生態学的に衰弱しきっている。森林と放牧地を回復できなければ、将来さらに多くの「自然」災害が起きるだけとなるだろう。パキスタンの経験を見れば、「なぜ、世界の森林、草地、土壌を回復させることがプランBの不可欠な要素であるか」は誰の目にも明らかである。本章では、こういった地球を支える自然のシステムを救うための計画と、それを実行するための予算について概略を示そう。

森林保護には全世界規模の協調が不可欠

地球の修復には、途方もなく大きな国際的取り組みが必要になる。そこで求められる努力は、第二次世界大戦後、戦争で疲弊した欧州と日本を再建する手助けとなったマーシャル・プランよりもはるかに大きなものである。そして、環境の劣化が経済の衰退を引き起こす前に、戦時下のようなスピードでそういった取り組みを実施しなければならない。私たちが今日、考古学的な遺跡研究を行なっているシュメール文明、マヤ文明、そのほか多くの古代文明では、まさに環境の劣化が経済の衰退につながったのだった。

たとえば、地球上に残っている四〇〇〇万平方キロメートルの森林を保護することと、すでに失われてしまった多くの森林を再生することは、どちらも地球の健康を取り戻すために欠かせない。二〇〇〇年以来、地球の森林被覆は毎年五万三〇〇〇平方キロメートルずつ減っている。七万七〇〇〇平方キロメートルは再生されているが、それをはるかに超える一三万平方キロメートルが毎年失われているのだ。

森林消失は発展途上国に集中している。アジアでの熱帯雨林消失の主因となっているのは材木需要の急増だが、燃料用のパームオイルのプランテーションが拡大していることも次第に大きな要因となっている。対照的に、中南米では、大豆と牛肉の市場が急成長していることがアマゾン川流域を圧迫している。アフリカでは、原因のほとんどは薪集めと農業用の土地開拓だ。

幸いなことに、どんな国にも、地球の森林被覆を減らしているさまざまな需要を軽減するための、まだ実現されていない可能性が豊富にある。先進国での最大の機会は、製紙用の材木需要を減らすことにある。紙の使用は、おそらくほかのどのような製品にも増して、前世紀に展開した〝使い捨ての心理〟を反映している。課題は、ティッシュペーパーや紙ナプキン、買い物用の紙袋を、再利用できる布製品に替えていくことである。

目指すべきことは、まず紙の使用量を減らし、それから可能な限りリサイクルすることだ。紙の生産量の上位一〇カ国における紙のリサイクル率には大きな幅がある――低い側には、使用する紙の四〇パーセント弱という中国やフィンランドがあり、高い側では日本やドイツがそれぞれ七〇～八〇パーセントで、韓国は九一パーセントというすばらしいリサイクル率を誇っている。世界最大の紙消費国である米国は、これら先進的な国のはるか後塵を拝しているが、紙のリサイクル率を一九八〇年の約二〇パーセントから二〇〇九年には五九パーセントへと上げてきた。もしあらゆる国が韓国と同じぐらい紙をリサイクルするようになれば、世界中で紙の生産用に使われる木材パルプの量は三分の一以上減ることになるだろう。

発展途上国で重きを置くべきことは、薪の使用量を減らすことだ。実際、薪に使用される木材は、世界中の森林から切り出されるすべての木材のうち半分強を占めている。米国国際開発庁を含むいくつかの国際援助当局は、薪材の効率化プロジェクトを支援している。二〇一〇年九月、国連財団は、さまざまな組織からなる連合体を率いて、二〇二〇年までに一億台の高効率コンロを家庭に設置するという計画を発表した。高効率の調理用コンロは、従来型のものに比べて薪の使用量がはるかに少ないだけではなく、汚染も少なくて済む。より長期的には、薪の代わりに、太陽熱調理器具や再生可能なエネルギーで動く電気ホットプレートなどに切り替えていくことで、森林にかかる圧力を減らすことができるだろう。

責任ある森林伐採と植林の実施

もう一つの課題は、責任あるやり方で森林伐採を行なうことだ。材木伐採には基本的なやり方が二つある。一つは皆伐だ。このやり方は環境を荒廃させるもので、皆伐が行なわれたところでは土壌が侵食され、小川や河川、灌漑用池が沈泥でいっぱいになってしまう。そうではないやり方は、選択的に成木だけを伐採する択伐という方法であり、森林にはほとんど傷をつけずに済む。こうすることで、森林の生産性を永久的に保てるようになるのだ。

植林は、原生林を伐っての植林でない限り、地球に残っている森林にかかる圧力を減らすことができる。二〇一〇年の時点で、世界には二六四万平方キロメートルの植林地がある。これは穀物の作付面積の三分の一を超える面積だ。植林地では、多くの場合、製紙工場や再生木材工場向けの材木が生産される。木材業界や建築業界が、天然林から大径木の供給が減っている状況に適応するにつれて、次第に再生木材が天然材に取って代わりつつある。

生産林としての植林は、その六〇パーセントを六カ国が占めている。中国は、もともとあった森林がほとんど残っていない国だが、五四万二〇〇〇平方キロメートルの植林で群を抜いての第一位である。その次はインドと米国で、それぞれ一七万平方キロメートルだ。ロシア、カナダ、スウェーデンがそのすぐあとに続いている。植林が拡大するにつれ、植林が行なわれる地域は、降水量の多い熱帯へと移り始めている。熱帯での収量はずっと多い。一万平方メートルに植林をしたとして、カナダ東部であれば年に四立方メートルの木材が生産される。米国の南東部では一〇立方メートルだ。しかし、ブラジルの新しいプランテーションでは、収量は四〇立方メートルに近づきつつある。

国連食糧農業機関（ＦＡＯ）では、植林地が拡大し収量が増えているので、二〇〇五〜三〇年の間に収穫量は三倍以上になり得ると予測している。いつの日か、「世界が求める工業用木材のほとんどを植林地によって満たすことができ、残っている天然林を保護する一助になる」

ということも十二分に考えられる。

劣化したり荒廃している土地に木を植えることは、土壌侵食を抑えるだけではなく、大気中から二酸化炭素を取り除く手助けにもなる。近年、熱帯地域での森林の縮小によって、毎年二億トンの炭素が大気中に放出されている。一方、温帯地域での森林の拡大によって、七億トン近くの炭素が吸収されている。したがって、差し引きすれば、森林消失によって毎年およそ一五億トンの炭素が大気中に放出されていることになるのだ。これは化石燃料の燃焼から放出される炭素量の四分の一ほどにあたる。

森林伐採の禁止は実現可能なプラン

プランBの目指すところは、世界中で実質的な森林消失を終わらせ、さまざまな植林の取り組みと農地管理方法の改善によって、炭素を吸収することである。森林伐採の禁止など無理だと思うかもしれないが、タイ、フィリピン、中国では、環境面での被害から森林伐採を部分禁止または全面禁止せざるを得なくなった。三カ国とも、森林被覆が失われた結果、破壊的な洪水や地すべりが起こり、その後に伐採禁止令が出されている。

中国では、一九九八年、長江流域で何週間にもわたって洪水が続いて記録的な損害を被ったのち、政府は、「森林の政策を、個々の伐採業者の目ではなく、社会全体の目を通して見たとき、森林伐採を続けることはまったく経済的な意味をなさない」と述べた。「立っている木々の提供する洪水抑制機能は、木を伐採して得られる木材の三倍も価値がある」と発表したのである。

地球の土壌を保護するためには、世界的に択伐を優先して、皆伐を禁止することも必要だ。皆伐を続けるたびに大きな土壌喪失を引き起こし、ついには森林の退化につながるからである。地球の森林と草地の被覆を取り戻すこと、そして保全型農業を行なうことで、土壌を侵食から守り、洪水を減らし、炭素を吸収することができる。

グリーンピースや世界自然保護基金（ＷＷＦ）といった国際環境団体は、ブラジルのアマゾン川流域やカナダの原生林の一部の森林伐採を停止する協定の締結を求めて、交渉を行なってきた。二〇〇九年、『サイエンス』誌でダニエル・ネプスタッドらは、最近起きた二つの展開について報告しており、その両方をもってすればアマゾン川流域での森林伐採を止められるかもしれない。その一つは、ブラジルで二〇〇八年に発表された「アマゾンの森林消失の削減目標」である。ノルウェーはこの発表に刺激を受け、「この目標に向かって進捗があれば、一〇億ドルを提供する」と約束した。二つめは、牛肉や大豆の業界で、サプライ・チェーンがアマゾンの森林伐採をしないようにと、市場の移行が起こっていることである。

ブラジルのアマゾンの熱帯雨林が縮小し続ければ、どんどん乾燥していくということにもなりかねず、火事が起こりやすくなるだろう。もしこの熱帯雨林が消えてしまったとしたら、そのあとにはおそらく、ほとんどが砂漠と低木だけという林地が広がることになるだろう。熱帯雨林の持つ「水を循環させて大陸の内部まで運ぶ能力」が減ってしまえば、西部および南部にある農地は脅威にさらされることになると思われる。

植林で二酸化炭素の増加を防ぐ

森林が気候調整において中心的な役割を果たしていることを認識し、気候変動に関する政府間パネル（ＩＰＣＣ）では、植林と森林管理法の改善によって、どのぐらいの二酸化炭素を吸収できる可能性があるかを調べている。熱帯に新しく植えられる苗木は、二〇～五〇年の成長期間にわたって、一本当たり毎年平均約五〇キログラムの二酸化炭素を吸収する。温帯地域に植林された苗木の吸収量が年に一三キログラムであることを考えれば、新規植林と再植林の機会の多くは熱帯諸国にある。

必要なのは、土壌保全と炭素吸収の両方を目指して植林に取り組むことである。これらの目標を達成するためには、森林被覆を失って劣化した土地や、限界耕作地、牧草地など、もはや生産的ではない何万平方キロメートルもの土地に何十億本もの木を植える必要がある。

大気中の二酸化炭素を取り除くためのこの地球規模の植林計画には、二酸化炭素の大部分を大気中に放出している先進国が資金を出す必要があるだろう。ほかの緩和策に比べ、森林伐採を止めて植林をすることは、相対的に費用のかからない方法である。それ自体で何倍もの見返りがある。大規模な植林の取り組みを管理し、モニタリングするための独立した機関を設置することができよう。大事なことは、気温が高くなり過ぎる前に気候を安定化できるよう、すばやく行動することだ。そうすれば、これらの木々に生き残る最大のチャンスを与えることができる。

すでに多くの植林の取り組みが提案されたり実行されている。ケニアのノーベル賞受賞者であるワンガリ・マータイは、何年も前にケニアとその周辺の数カ国の女性たちを組織して三〇〇〇万本の木を植えたが、彼女に刺激を受けて、国連環境計画（ＵＮＥＰ）の「一〇億本植樹キャンペーン」が始まった。二〇〇六年当初の目標は、一〇億本の木を植えることだった。植林した木の半数が根づけば、毎年五六〇万トンの炭素を吸収することになる。だが、二〇〇九年の末までに、一〇〇億本を超える木が植えられたのだった。

州政府が参加している場合もある。インドで最も人口の多い州であるウッタル・プラデシュ州では、二〇〇七年七月、六〇万人を動員し、一日で一〇五〇万本の木を植えた。農地、州の保有する森林、学校の校庭などに植林したのだ。それ以来インドでは、二〇億本の木を植えている。中国は二九億本の木を植えており、いまや「一〇億本植樹キャンペーン」のリーダーである。ほかにも、一五億本の木を植えたエチオピア、七億本以上植えたトルコなどがこの取り組みを引っぱっている。

独自に再植林を行なっている国もある。この観点からすると、韓国はいろいろな点で世界の再植林のお手本である。五〇年ほど前に朝鮮戦争が終わったとき、この山岳国は、今日のハイチのように、ほとんどの木を失っていた。一九六〇年頃から、パク・チョンヒ大統領の献身的なリーダーシップのもと、韓国政府は全国的な森林再生の取り組みを始めた。何十万人もの人々が村の共同組合として動員をかけられ、不毛な山岳地帯で木を育てられるよう溝を掘り、段丘をつくった。韓国国立山林科学院の研究者であるセギョン・チョンは、「その結果、まるで奇跡のように不毛な土地から森林が再生してきた」と述べている。

今日、森林は韓国の国土の六五パーセント近くを覆っており、面積にして六万平方キロメートルを超えている。二〇〇〇年一一月、韓国を車で移動していた際、一世代前には何もなかった山々に鬱蒼と木々が茂っている様子を見るのは本当にうれしいものだった。私たちは地球の森林を再生することができる!

土壌の保全で効果的に炭素を吸収

植林は、大気中から大量の炭素を取り除くことができる多くの取り組みの一つにすぎない。放牧のやり方を改善したり、土壌中の有機物含有量を増やす土地管理の方法に切り換えることによっても、炭素が吸収される。

一九三〇年代に、米国の大草原地帯を広大な砂漠に変えてしまう恐れのあったダスト・ボウルの経験は、大きなショックであり、そこから米国の農法は革命的に変わっていった。たとえば、防風林を植えること（風による侵食を減らすために、畑の側に何列もの木を植える）、帯状栽培（帯状の土地に、小麦の作付地と休閑地を交互に設け、毎年入れ替える）などである。帯状栽培を行なうと、休閑地では土中に水分が蓄積できる一方、一列おきに作付けされていることが風の速度を緩め、休閑地の侵食を減らせる。

一九八五年、米国農務省は、環境関連の団体等の強力な支援を得て、土壌侵食を減らし、基本的な農作物の過剰生産を抑えるための保全休耕プログラム（ＣＲＰ）を立ち上げた。一九九〇年までに、約一四万平方キロメートルのきわめて侵食を受けやすい土地が、一〇年契約のもと、常に植生に覆われていた。このプログラムでは、脆弱な耕地に草や木を植えた農家は、補助金がもらえるのだった。ＣＲＰのもとでこの一四万平方キロメートルを休耕したことと、全農地の三七パーセントで保全型農法を用いたことによって、米国の年間の土壌侵食は、一九八二年から一九九七年の間に三一億トンから一九億トンに減少した。この米国のやり方は、世界のほかの地域にとってもお手本となる。

「土壌保全のための道具箱」に入っているもう一つの〝道具〟は保全型耕作で、これには不耕起栽培と簡易耕起の二つがある。従来型の耕作方法は、土を細かくしたり耕したりして種を植える苗床をつくり、その後、帯状に植えた作物の間の雑草を抑えるために耕耘機を使う。一方、保全型耕作では、作物の残余物の間から耕していない土に直接穴を開け、種を植えていくだけだ。そして、除草剤を使って雑草を抑える。耕されるのは、土の表面の種が挿入される細長い筋状の部分だけで、残りの土地は作物の残余物で覆われたままであるため、水による侵食にも風による侵食にも強い。このやり方は、侵食を減らすだけではなく、水分を保ち、土壌の炭素濃度を高め、耕作に必要なエネルギー使用量を大きく減らすことができる。

米国では、不耕起栽培を行なっている農地は、一九九〇年の六万九〇〇〇平方キロメートルから、二〇〇七年には二六万三〇〇〇平方キロメートルまで増えている。不耕起栽培は今では、トウモロコシと大豆の栽培で世界的に用いられており、急速に広がってきた。ブラジルとアルゼンチンで二五万五〇〇〇平方キロメートル、オーストラリアで一七万平方キロメートルに達している。そこからそれほど後れをとっていないカナダも含めて、これらが不耕起栽培の先進五カ国である。土壌侵食を減らし、農地の生産性を上げるための簡易耕起や不耕起栽培、農作物と家畜を組み合わせる農法などは通常、土壌の炭素濃度と土中の水分を高めることにもつながる。カザフスタンでは、二〇一〇年のロシアでの大熱波および干ばつの間、不耕起栽培を行なっている一万二〇〇〇平方キロメートルの土地は、従来型農法の土地よりも状態が良かったようだ。

サハラ以南のアフリカでは、サハラ砂漠がサヘル地域を越えて南へと移動しつつあるが、各国は「草地や農地が砂漠になるにつれ、住む場所を失う人々が増える」ことを懸念している。それを受けて、アフリカ連合はサハラ砂漠の「緑の壁計画」を立ち上げた。この計画は、もともとは、当時ナイジェリアの大統領だったオルシェグン・オバサンジョが二〇〇五年に提案したもので、「幅約一五キロメートルの木の帯を、セネガルからジブチまで、アフリカを横切って六九〇〇キロメートルにわたって植えよう」というものだ。セネガルは、生産性の高い土地を毎年五〇〇平方キロメートルずつ失っており、緑の壁の西側の起点となる場所だが、約五二五キロメートルにわたってこの木の帯を植えている。二〇一〇年六月に、地球環境ファシリティから一億一九〇〇万ドルの助成金が出されたことから、このプロジェクトに大きな弾みがついた。セネガルの環境大臣モドゥ・ファダ・ジャーニーは、「砂漠が我々のところにやって来るのを待つのではなく、こちらからやっつけに行かなくてはならない」と述べている。この計画が成功するかどうかのカギの一つは、輪換放牧など管理方法の改善である。

最終的には、牧草地と分類される地表の五分の二で行なわれている過剰放牧をなくすための唯一の方法は、家禽類や家畜の規模を小さくすることだ。過剰な数の牛、羊、ヤギがいれば、植生がなくなってしまうだけではない。土壌には雨によって形成され、風による侵食を自然と抑えてくれる「保護層」があるが、家畜の蹄《ひづめ》はこれを砕いてしまうのだ。限られた場所で動物を飼って飼料を与えることが、好ましい選択肢となる場合もある。インドは、このやり方をうまく取り入れて世界最大の酪農業界をつくり上げているが、これはほかの国にとってのお手本になる。

海洋漁場はもう一つのタンパク源

もう一つの動物性タンパク質の源である海洋漁場も、厳しい圧力のもとにある。各国政府は何十年にもわたり、個々の魚種の漁獲量を制限することによって漁場を守ろうとしてきた。うまくいくときもあれば、うまくいかずに漁場が崩壊してしまうこともあった。近年、別のやり方——海洋保護区や海洋公園の設置——へのあと押しが勢いを増してきている。こういった保護区では漁業は禁止されるため、自然のふ化場の役割を果たすことになり、まわりの水域の魚の個体数を再び増やすことができる。

二〇〇二年、ヨハネスブルグでの「持続可能な開発に関する世界首脳会議」において、沿岸国は、「二〇一二年までに、世界の海洋の一〇パーセントを網羅する海洋保護区または海洋公園の全国ネットワークをつくる」と約束した。それらを合わせれば、そういった海洋公園の地球規模のネットワークができよう。

進捗は遅々としている。今日、五〇〇〇ほどの海洋保護区が設けられているが、その面積は世界の海洋の一パーセントにも満たない。さらに悲しいことに、その面積のうち漁業が禁止されているのは一二・八パーセントしかない。そして、二五五の海洋保護区を調査した結果によると、定期的にパトロールし禁漁令を施行しているのは、うち一二カ所だけだった。

二〇〇一年、米国科学振興協会の前会長で現在は米国海洋大気庁（ＮＯＡＡ）のトップを務めるジェーン・ルブチェンコが、海洋保護区のグローバル・ネットワークをつくるための緊急行動を呼びかける声明文を発表した。第一線で活躍する一六一人もの海洋科学者たちが署名をしたものだ。数十の海洋公園の調査をもとに、ルブチェンコはこう言っている。「世界中でその実績はさまざまですが、基本的なメッセージは同じです。海洋保護区はうまくいきます。しかもすばやく効果が出ます。もはや『海にしっかりと保護した海域を設けるかどうか』ではなく、『どこに設けるか』を考えるべきです」

いったん保護区ができれば、海の生き物の状態はすぐに改善される。ニューイングランド沖のフエダイの漁場の事例研究によると、漁業者たちはかつて保護区の設置に大反対だったのが、今では保護区を大いに支持しているという。その海域でのフエダイの個体数が四〇倍に増えた様子を見てきたからである。メイン湾では、合計約一万七〇〇〇平方キロメートルにわたる三つの海洋保護区で、底魚を危機にさらしたすべての漁法が禁止された。思いがけないことに、邪魔が入らなくなった環境下でホタテがどんどん増え、五年間にその個体数は一四倍にも増えたのだった。保護区内でのこのような増加現象は、保護区外のホタテの個体数も大きく増やすこととなった。海洋保護区をつくってから一年か二年のうちに、生息密度は九一パーセント、平均的な魚の大きさは三一パーセント、種の多様性は二〇パーセントも増えたのである。

「地球を修復するための予算」算定が急がれる

しかしながら、私たちが直面している課題は変わりつつある。したがって対応も変えていかなくてはならない。生物多様性を守るためのこれまでのやり方は、ある地域をぐるりとフェンスで囲み、それを公園ないし自然保護区と呼ぶというものだったが、この方法ではもはや十分ではない。人口と気候を安定させることもできなければ、どれほど高いフェンスをつくろうとも、私たちが守ることのできる地球の生態系はなくなってしまう。

地球の森林を再生し、表土を守り、牧草地と漁場を復活させ、地下水位を安定させ、生物多様性を守るために、いくらコストがかかるのかを概算することができる。ここで目指しているのは正確な一連の数字ではなく、「地球を修復するための予算」の妥当な推定値を提示することだ。

森林再生コストの主な計算対象は、発展途上国である。北半球の先進国では、森林面積はすでに拡大しつつあるからだ。途上国で増加する燃料用の薪の需要を満たすには、追加で五七万平方キロメートルの森林が必要になると推定される。土壌を保全し、安定した水循環を取り戻すため、途上国の数千の水源地からさらに一〇一万平方キロメートルが必要になろう。これら二つには重複する部分があるだろうから、合計で必要な面積を一五四万平方キロメートルとしよう。そのほかに、木材や紙、それ以外の林産品を生産するのに三〇万平方キロメートルが必要になろう。

植林のうち、プランテーションはごくわずかな割合でしかないだろう。ほとんどの場合、木が植えられるのは、村の周りに広がる地域、畑の境界や道に沿った土地、小さな限界耕作地、木がなくなっている丘の斜面などになると思われる。さらに、植林作業は地元の人手を使うことになるだろう。有償の労働者の場合もあれば、ボランティアの場合もあるだろうが、多くは農村地域の農閑期の労働力を使うことになろう。

世界銀行が推定するように、苗木のコストを一〇〇〇本当たり四〇ドルとして、通常一平方キロメートル当たり二〇万本弱の密度で植えるとすれば、一平方キロメートル当たりの苗木コストは七九〇〇ドルとなる。木を植えるための人件費は高いが、作業の多くは地元で動員をかけるボランティアになるだろうから、苗木代と人件費を合計して、一平方キロメートル当たり三万九五〇〇ドルを前提とする。今後一〇年間に計一五三万平方キロメートルの面積に木を植えるとすれば、一年当たり一五万三〇〇〇平方キロメートルとなり、一平方キロメートル当たりの総コストは三万九五〇〇ドルなので、毎年の支出額は六〇億ドルとなる。

土壌を保全し、洪水を抑え、薪を提供するために木を植えることで、炭素を吸収することになる。だが、気候の安定化は非常に重要なので、炭素吸収のための植林コストは別途に計算する。そのためには、一〇年にわたって数十万平方キロメートルの限界耕作地に新規植林や再植林を行なうことになる。これは、荒れ地の再生利用と炭素吸収だけに焦点を絞った、より商業化された取り組みとなるだろうから、コストもさらにかかると思われる。一トン当たりの炭素吸収価値を二〇〇ドルとすれば、年に一七〇億ドル近くのコストとなる。

土壌侵食抑制に必要な二つのコスト

土壌侵食のスピードを新しい土壌形成のスピードと同じまたはそれ以下に抑えることによっ

て地球の表土を保全するためには、必要なことが二つある。一つは、耕作を続けることができない、きわめて侵食されやすい土地――行き過ぎた土壌侵食が起こっている総面積のおそらく半分に相当し、世界の耕地の推定一〇パーセントにあたる土地――を休ませることだ。米国にとっては、一四万平方キロメートル近くの土地を休ませるということになる。その土地を生産に回さずに置いておくためのコストは、一平方キロメートル当たり一万二四〇〇ドル近くである。一〇年契約のもと、その土地に草や木を植えることに対して農家に毎年支払う金額は、合計で二〇億ドル近くとなる。

これらの推定値を世界全体に広げて考えれば、米国と同じく、世界の農地はその約一〇パーセントがきわめて侵食を受けやすい土地であり、表土が失われて不毛な土地になる前に草や木を植える必要があると考えられる。米国と中国は、合わせて世界の穀物収穫量の四〇パーセントを占めるが、両国にとっての公式目標は「全農地の一〇分の一を休めること」である。世界全体で、「侵食を受けやすい農地の一〇パーセントに草や木を植える」というのは、妥当な目標に思える。そのためのコストは、世界の農地の八分の一を有する米国で約二〇億ドルだったので、世界全体の合計額は年間で一六〇億ドルとなるだろう。

表土に対する二つめの取り組みは、過剰な侵食――侵食の速度が新しい土壌が自然に形成される速度を上回っている場合――にさらされている残りの土地に対して、保全型の農法を取り入れることである。この取り組みには、等高線耕作、帯状栽培、そしてだんだんと簡易耕起や不耕起栽培も含めた保全型農法を行なうよう農家に提供する奨励金も含まれている。米国でのこういった支出額は、合計して年に約一〇億ドルである。

ほかの場所でも、米国と同じように土壌侵食を抑制するやり方が必要だと仮定すると、ここでも米国の支出額を八倍すればよいので、世界全体では八〇億ドルという数字になる。二つの要素を合わせると、きわめて侵食されやすい土地を休ませるために一六〇億ドル、保全型農法を行なうことに八〇億ドルが必要となり、世界全体の合計額は年に二四〇億ドルとなる。

放牧地の保護と回復に関するコストのデータについては、国連の砂漠化防止行動計画（PACD）を参考にする。この計画は世界の乾燥地帯に焦点を当てるもので、全放牧地の九〇パーセント近くを含んでおり、二〇年の回復期間にわたって約一八三〇億ドルという推定コストを算出している。一年間に換算すると九〇億ドルだ。主要な回復の手立ては、牧草地の管理方法の改善、過剰な放牧をなくすための奨励金、放牧を禁止して土を休ませる期間を適切に設けながら再び牧草を育てることなどである。

これらはコストのかかる取り組みだ。しかし、牧草地の回復のために一ドル投資するごとに、地球の牧草地生態系の生産性改善によって二・五ドルの収益という見返りが得られる。社会的な観点から言えば、牧草地の劣化が集中している多くの牧畜人口を抱える国々は、おしなべて世界でも最も貧しい国である。行動をとらずに土壌の劣化に目をつぶっていれば、土地の生産性だけではなく、生計の糧も失われてしまい、ついには何百万人もの難民を生むことになる。脆弱な土地を回復することには、炭素吸収のメリットもあるだろう。

わずか二〇〇億ドルを節約する代償

漁場の回復に関しては、ケンブリッジ大学保全科学グループのアンドリュー・バームフォードが率いる英国の科学者チームが、八三の比較的小規模でよく管理された保護区に関するデータをもとに、大規模な海洋保護区を運用するコストについて分析している。彼らの結論は、「世界の海洋の三〇パーセントにあたる保護区を管理するコストは、年に一二〇億～一四〇億ドル」というものだ。しかし、漁場が回復すれば、おそらく追加の収入が入ってくるので実質コストは下がるはずだが、それはこの計算には入っていない。

海洋保護区のグローバル・ネットワークの設置によって、漁場が保護できるかどうかだけではなく、年間七〇〇億～八〇〇億ドル相当の海洋漁獲高を増やせるかどうかも変わってくる。バームフォードは、「我々の研究が示唆するところによると、海洋とその資源を永久に保全する費用の額は、私たちが払える額であるし、今、持続可能ではないやり方で海洋の資源を乱獲するために拠出している補助金よりも少ない」と言っている。海洋保護区のグローバル・ネットワーク――「海のセレンゲティ」と呼ぶ人たちもいる――を設けることで、一〇億を超える雇用を創出することにもなる。

多くの国では、灌漑用水の無駄な利用を奨励しがちな補助金をなくすことで、水の生産性改善プログラムに必要な資本を捻出することができる。それは、インドのように灌漑に要するエネルギーに対する補助金もあれば、米国のように、コストよりも安い値段で水を提供するための補助金もある。こうした補助金をやめれば、水の価格は効果的に引き上げられることになり、より効率の良い水利用が促されるだろう。世界全体に追加で求められる財源としては、必要な調査や、農家や都市、工業が水効率のより良いやり方や技術を用いるように提供する奨励金などを入れて、年間の追加支出は一〇〇億ドルと考えられる。

野生生物の保護に関して、世界国立公園会議では、現在公園として認定されている地域を管理・保護するために必要な資金のうち、年約二五〇億ドルが不足していると推定している。生物学的に多様性に富むホットスポットでありながら、まだ公園として認定されていない面積を追加する必要性を考えれば、さらに年に六〇億ドルかかるかもしれない。するとその合計は三一〇億ドルとなる。

そうすると、経済を支える自然のシステムを修復する――地球の森林を再生し、表土を守り、牧草地と漁場を復活させ、地下水位を安定させ、生物多様性を保全する――ために必要な追加支出額の合計は、年にちょうど一一〇〇億ドルとなる。「世界にはこういった投資を行なう余裕があるのだろうか?」と尋ねる人が多いかもしれない。しかし、問うべきはただ一つ、「世界には、これらの投資を怠った場合の結果を受け入れる余裕があるのだろうか?」である。

第一一章

貧困を根絶し、人口を安定させ、破綻しつつある国家を救済する

「聞く」ドラマが出生率低下に貢献

一九七四年、メキシコの全国ネットのテレビ局であるテレビザの副社長ミゲル・サビドは、読み書きのできない人を描いた連続ドラマを放映した。ドラマの登場人物の一人が、読み書きを教わりたいと識字教育のオフィスを訪れると、その放送の翌日、メキシコシティにある同様のオフィスに二五万人がやってきた。最終的には、この連続ドラマを見たのち、八四万のメキ

シコ人が読み書きを学ぶための講座を受講した。

多くの識者が、社会変革における正規の学校教育の役割を重視しているが、ラジオやテレビの連続ドラマは読み書き、性と生殖に関する健康、家族の人数についての人々の考え方をあっという間に変えることができる。良く書けたドラマは、近い将来の人口増加に絶大な影響を及ぼし得る。正規の教育システムを拡大していく間、これらの教育をそれほどコストをかけずに進めることができる。

意識啓発のこの画期的な新しい方法を切り開いたサビドは、『Acompáñame（ついておいで）』というタイトルの連続ドラマで避妊をテーマにした。この連続ドラマのおかげもあって、メキシコの出生率は一〇年間に三四パーセント低下した。

メキシコ以外でも、ほかのグループがサビドの手法をすぐに取り入れた。米国を拠点にするNGOで、ウィリアム・ライアーソンが理事長を務める人口メディアセンター（PMC）は、およそ一七カ国でプロジェクトをすでに開始しており、ほかにも数カ国でプロジェクトを始める計画である。PMCが過去数年間にわたってエチオピアで行なってきた仕事がわかりやすい例だ。PMCがアムハラ語とオロモ語で放送した連続ラジオ・ドラマは、性と生殖に関する健康と男女平等というテーマを取り上げた。

二〇〇二年に放送が始まった二年後の調査で、性と生殖に関する健康ケアを求めてエチオピアにある四八カ所のサービス・センターを新たに訪れた人々のうち、六三パーセントがPMCのドラマを聞いていたことがわかった。これらのドラマを聞いていたエチオピアのアムハラ州に住む既婚女性の間では、家族計画に取り組む人の割合が五五パーセント増加した。この地域の女性一人当たりが産む子どもの数は、平均五・四人から四・三人に減少した。これは胸が躍るような結果である。なぜなら、家族の人数が少なくなると貧困を根絶しやすくなるからだ。そして反対に、貧困の根絶は小家族への移行を加速するのである。

飢餓人口は一〇億人を突破

貧困には飢餓、読み書きができない、平均寿命が短いなど、多くの側面がある。二〇〇五年には、世界銀行の基準で「最貧困層」とされる、一日一・二五ドル未満で生活している人が世界中で一四億人近くいた。貧困層が最も集中している地域はサハラ以南のアフリカで、この地域に住む八億六三〇〇万人のうち、半分以上が極端な貧困に苦しんでいる。世界の破綻しつつある国家や脆弱な国家の間でも貧困が蔓延し、人口の半分以上に影響を及ぼしている。だが、（ゆっくりではあるが）いくらか進展が見られるサハラ以南のアフリカと違って、破綻しつつある国家における貧困緩和の見通しは、国家の再建がなされない限りかなり厳しいと思われる。

貧しい暮らしをしている人々は収入の大部分を食料に使うため、世界銀行が二〇〇九年前半に、「二〇〇五年から二〇〇八年の間に、食料価格の上昇が原因で貧困層が少なくとも一億三〇〇〇万人増加した」と報告したのも意外なことではなかった。世銀の報告書には、栄養失調の増加によって、永続的な認知障害や身体的障害を負う可能性のある子どもが四四〇〇万人増加したとも述べられている。そして、食料価格上昇の影響は、世界的な経済危機によってさらに深刻化した。この経済危機によって失業者が大幅に増加し、外国で働く家族からの送金が減少したのである。

二〇一〇年の時点で、世界経済は回復し始めているものの、不況によって貧困根絶が妨げられた状態は数年間は続きそうだ。飢餓と病気は世界各地で広がりつつあり、中国やブラジルなどの国での進歩の一部を打ち消している。飢餓や栄養失調に苦しむ人の数は二〇世紀後半に減少したが、一九九六年にそれが反転した。その年の七億八八〇〇万人から、二〇〇一年には八億三三〇〇万人に、二〇〇八年には九億人を突破して、二〇〇九年には一〇億人を超えた。

貧困の根絶が国家破綻防止のカギ

貧困の根絶は、人口を安定させ、食料の安全保障を高め、国家の破綻を最小限に抑えるうえでカギとなる。経済の階段を昇っていった人々の成功談はたくさんあるが、中国の話ほど印象的なものはない。この国では、経済の急成長と小家族への継続的な移行によって、一九九〇年には六億八三〇〇万人いた最貧困層が、二〇〇五年には二億八〇〇〇万人と大きく減少した。最貧困層の割合は六〇パーセントから一六パーセントに激減している。

ブラジルも、二〇〇三年にルイス・イナシオ・ルーラ・ダ・シルヴァ大統領が創設した「ボルサ・ファミリア」政策という低所得世帯向けの給付金制度によって、貧困を大きく減らすことに成功している。この制度は、子どもを学校に行かせている限り、貧しい母親に最大で月額三五ドルの手当てを支給したり、子どもたちに予防接種を受けさせたり、定期的な健康診断を確実に受けさせたりするものである。一九〇〇年から二〇〇五年の間に、最貧困層の割合は一五パーセントから五パーセントに減少した。ブラジルの全人口の四分の一近くにあたる一二〇〇万世帯以上がこの制度の恩恵を受け、それによって、過去五年間に富裕層の所得は五パーセントしか増加しなかったのに対して、貧困層の所得は二二パーセント増加した。貧富の差そのものが不安定を生み出す。ブラジルがこの格差を縮められたことは注目に値すべきことである。なぜなら、ブラジリア市で以前にこの制度の責任者を務めていたロサニ・クーニャが述べたように、「不平等と貧困を同時に減らした国はほとんどない」からだ。

初等教育の欠如はテロに勝る脅威

正規の学校教育を受けていない子どもたちは、深刻なハンディキャップを背負って人生を歩み出すことになる。そのハンディキャップから、赤貧の暮らしが続き、貧富の差が広がり続けることはほぼ確実になる。だから、貧困を根絶するもう一つのカギは、すべての子どもたちが少なくとも小学校教育は受けられるようにすることである。ノーベル経済学賞受賞者のアマルティア・センは、「〝読み書きそろばん〟ができないことは、人類にとってテロよりも大きな脅威である」と断言している。

教育面に関しては、世界は少なくとも前に進んではいる。一九九九年には、一億六〇〇〇万人の子どもが学齢に達していながら小学校に通っていなかったが、心強いことに、二〇〇八年にはその数が六九〇〇万人に減った。そして、二〇〇五年までに、発展途上国の三分の二近くが教育面のもう一つの基本目標である「小学校入学における男女平等」を達成している。これはそれ自体が画期的な成果であるだけでなく、人口安定化のためのカギでもある。女性の教育レベルが向上すると出生率が低下する。経済学者のジーン・スパーリングは、七二カ国について調査した結果、「女性の中等教育の拡大は、出生率の大幅な低下を達成するための唯一最良の方策である」ことがわかったと述べている。

読み書きができない人を減らすという目標は、小学校教育のレベルを超えて拡大しなければならない。世界がかつてないほど経済的に統合されるようになるにつれて、八億近くにのぼる読み書きのできない大人は、深刻なハンディキャップを負っている。大部分をボランティアに頼る形で成人に読み書きを教えるプログラムを立ち上げることで、私たちはこの問題を克服できる。国際社会は、必要に応じて教材や外部の顧問を用意するための資金を提供することで貢献できる。バングラデシュとイランはともに、成人に読み書きを教えるプログラムを成功させており、模範となり得る。成人に読み書きを教えるプログラムの予算として、文明を救うための予算に毎年四〇億ドルを追加することになるだろう。

世界銀行は、「万人のための教育――ファスト・トラック・イニシアティブ（ＥＦＡ－ＦＴＩ）」によって、すべての子どもに初等教育を提供することを率先して追求してきた。この取り組みは、すべての子どもに初等教育を提供するために綿密に策定された計画がある国なら、世銀の財政支援を受ける資格を得られるというものだ。必要となる三つの主な条件は、初等教育の普及を達成するためのきちんとした計画を提出すること、その計画に自国の財源からある程度の分担金を拠出すること、透明性の高い予算管理と会計のやり方があることである。完全に実施されれば、二〇一五年までに貧しい国のすべての子どもたちが初等教育を受けられるようになり、それによって貧困から抜け出せるようになる。この目標を達成するためには、現在支出されている額に加えて、さらに一〇〇億ドルの外部調達資金が必要となると推定されている。

子どもたちを学校に通わせるための刺激策としては、学校給食プログラムほど効果の高いものはほとんどない。最貧国ではとくにそうだ。病気や空腹の子どもは学校を休みがちだ。そして、登校したとしても学習の効果が低い。経済学者のジェフリー・サックスは、「病気の子どもたちは、認知障害や身体的障害に加えて、学校教育が中断されたことによって、生涯にわたって生産性が低いままという状態に直面する場合が多い」と述べている。だが、所得の低い国々に学校給食プログラムが導入されると、就学率が急激に上昇し、学力も向上して、子どもたちが学校に通う年数も長くなる。

家で働くものとされていることが多い女子にとっては、とくにメリットが大きい。とりわけ、プログラムに持ち帰り用の食料配給が含まれている場合、学校給食によって女子が学校に長く通えるようになり、結婚が遅くなり、産む子どもの数が少なくなる。これは「三方よし」の状況だ。学校給食プログラムを導入して、空腹のまま学校に通っている六六〇〇万人の子どもたちに手を差し伸べるためには、国連世界食糧計画（ＷＦＰ）が現在飢餓を減らすために費やしている資金のほかに、年間三〇億ドルが必要になると推定される。

栄養失調がもたらす悪循環を断つ

子どもたちが学校給食プログラムから恩恵を受けるためには、就学年齢に達する前の栄養状態を改善しなければならない。米国の前上院議員であるジョージ・マクガバンは、米国で自分が支援して立ち上げた政策と同様の、貧しい妊婦や乳飲み子を抱える母親に栄養価の高い食べものを提供するＷＩＣプログラム――女性（women）、乳児（infants）、子ども（children）のための政策――を貧しい国々で利用できるようにするべきだと提案している。米国での三三年の経験を見れば、これは低所得世帯の就学前の子どもたちの栄養、健康、発達を改善するのに間違いなく成功している。この政策を、最貧国四四カ国の貧しい妊婦や乳飲み子を抱える母親、幼い子どもたちにまで拡大できれば、何百万もの幼い子どもたちの間から飢餓を根絶するのに役立つはずだ。そして、そのために必要となる追加的な費用は、年間四〇億ドルにすぎないだろう。

安全で安定的な水供給を欠いている推定八億八四〇〇万人が、確実にそれを受けられるようにすることは、すべての人々の健康改善に不可欠であり、乳児死亡率を減少させるためのカギである。清浄な水があれば下痢や寄生虫症の発症を減らせるので、栄養分の損失や栄養失調も抑えられる。多くの発展途上国の都市の現実的な選択肢は、費用がかかる水による下水除去・処理システムを建設しようとするのはやめて、水を使わない汚物処理システム――たとえば、ますます人気が高まっている病原体をまき散らさない無臭乾燥コンポスト・トイレなど――を選ぶことだ。この転換は同時に、水不足を緩和したり、用水設備内での病原体の蔓延を減らすことにも役立つだろうし、栄養循環のループが閉じるのにもひと役買うだろう。これもまた三方よしの状況だ。

追加出資があれば、小児期疾患の予防接種を行なう経済的余裕がなく、ワクチン接種計画で後れをとっている多くの国々を助けられる。これらの国々は現在、投資すべき資金が不足しているため、将来はるかに大きな代償を払うことになるだろう。この資金不足を埋めようと、二〇一〇年はじめ、ビル&メリンダ・ゲイツ財団は、「ワクチンの研究支援と開発を行ない、世界の最貧国に届けるため」今後一〇年間に一〇〇億ドル以上を提供すると発表した。

さらに広く見れば、発展途上国における医療の経済性を分析した世界保健機関(WHO)の調査報告は、「村レベルの診療所が提供できるような最も基本的な医療サービスを行なうことで、莫大な経済的利益がもたらされる」と結論づけた。その報告書の推定では、途上国ですべての人に基本的な医療を提供するためには、二〇一五年まで毎年、全部で平均三三〇億ドルの助成金が必要になるだろうという。この金額には、世界エイズ・結核・マラリア対策基金への資金拠出と、すべての子どもたちに予防接種を提供するための資金が含まれている。

家族計画の浸透で進む小家族化

人口増加に関して、国連は主に三通りの予測を行なっている。最もよく使われる中位推計では、二〇五〇年に世界人口は九二億人に達する。高位推計では一〇五億だ。世界が迅速に変化して、出生率が人口置換水準以下になると仮定する低位推計では、人口は二〇四二年に八〇億人でピークに達したのち、減少へと転じる。貧困と飢餓と非識字の根絶を掲げるのなら、低めの推計を目指して努力する以外にない。

世界人口の増加を減速させるということは、出産のコントロールを求めるすべての女性が家族計画サービスの恩恵を受けられるようにするということだ。残念ながら現在、二億一五〇〇万の女性にとってはそういった状況になっておらず、その五九パーセントはサハラ以南のアフリカとインド亜大陸に住む女性である。これらの女性とその家族は、およそ一〇億にのぼる地球の最貧困層であり、こういった人々にとって、意図しない妊娠や望まない出産が非常に大きな重荷となっている。米国国際開発庁（USAID）の前高官であるジョゼフ・シュパイデルはこう述べている。「村で貧しい人々とともに生活したり働いたりしている人類学者に尋ねると……『女性たちは、また妊娠したらどうしよう、と恐れながら生活している』という答えが返ってくる場合が多い。彼女たちはとにかく妊娠したくないのだ」

国連人口基金（UNFPA）とグットマッハー研究所の推定によると、性と生殖に関する健康のケアと効果的な避妊ができない、この二億一五〇〇万の女性たちのニーズを満たせれば、毎年五三〇〇万件の望まない妊娠と二四〇〇万件の人工中絶、一六〇万の乳児の死亡を防げるという。HIV感染やその他の性感染症を予防するために必要なコンドームを追加的に提供することに加えて、家族計画および性と生殖に関する健康のためのプログラムをすべての人にもたらすためには、先進国と途上国からさらに二一〇億ドルの資金が必要になるだろう。

良いニュースは、各国政府が全力を挙げてそうすれば、あっという間に小家族化の支援ができるということだ。私の同僚であるジャネット・ラーセンは、「イランではたった一〇年間で、過去最高に近いレベルだった人口増加率が、途上国の中で最低のレベルにまで減少した」と書いている。

一九七九年、アヤトラ・ホメイニ師は、イランの指導者となってイスラム革命に着手すると、真っ先に定着していた家族計画政策を撤廃し、代わりに大家族化を推進した。一九八〇～八八年のイラクとの戦争で、ホメイニ師はイスラムのための兵士を増やしたかったのである。ホメイニ師が目指していたのは二〇〇〇万人の軍隊だった。

ホメイニ師の訴えを受けて出生率は上昇し、イランの年間人口増加率は、一九八〇年代はじめのピーク時には、生物学的な最大限度に近い四・二パーセントにまで達した。この莫大な増加が経済と環境の負担になり始めると、イランの指導者たちは、人口過密や環境悪化、失業がイランの将来を蝕みつつあると気づいた。

一九八九年、イラン政府は一八〇度の方針転換を行なって、家族計画政策を復活させた。一九九三年五月、「国家家族計画法案」が可決された。教育省、文化省、保健省など、いくつかの省庁の資源が、小家族化を奨励するために動員された。イラン国営放送が、人口問題に関する意識を啓発し、家族計画サービスが利用できることを広く知らしめる責任を負った。農村部の人々に健康と家族計画に関するサービスを提供するため、およそ一万五〇〇〇カ所の「保健ハウス」と呼ばれる診療所が設立された。

宗教指導者たちは小家族化推進運動となった動きに直接的に関わった。イランは、イスラム教国としてはじめて、精管切除という選択肢も含めたありとあらゆる避妊法を導入した。経口避妊薬や避妊手術など、あらゆる形態の受胎調節が無料だった。イランは、夫婦に対して、結婚許可証の取得前に近代的避妊法の受講を義務づけた唯一の国になったほどだった。

直接的な医療ケアによる介入に加えて、女性の識字率を向上させる広範な取り組みにも着手し、一九七〇年に二五パーセントだった女性の識字率を二〇〇〇年には七〇パーセント以上に高めた。女子の就学率は六〇パーセントから九〇パーセントに上昇した。農村部の家庭のテレビ保有率が七〇パーセントであることを活用し、テレビを使って国全体に家族計画に関する情報を広めた。この取り組みの結果、同国の一世帯当たりの子どもの数は、七人から三人足らずに激減した。イランは一九八七年から九四年の間に人口増加率を半減しており、この偉業は、社会を全面的に動かせば小家族への移行をいかに加速させられるかを示している。

悪いニュースは、二〇一〇年七月にイランのマハムード・アフマディネジャド大統領が、同国の家族計画政策は不道徳だと発言し、新たな出産奨励策を公表したことだ。政府は子どもを生む夫婦に奨励金を支払い、そのお金は、子どもが一八歳になるまで子ども名義の銀行口座に預金される。この新政策がイランの人口増加に与える影響は、今のところまだわからない。

「人口ボーナス」の恩恵を受ける

小家族への移行は大きな経済的利益をもたらす。たとえば、バングラデシュでは、望まない出産を防ぐために政府が六二ドル支出することで、ほかの社会サービスへの支出を六一五ドル節約できると識者は分析している。援助国にとっては、あらゆる国の男女が必要なサービスを確実に利用できるようにすることは、教育と保健医療の向上における大きな社会的見返りをもたらすだろう。つまり、家族計画の不足を補わないことが社会に与える代償は、私たちが支払えないくらいに大きいのかもしれないのだ。

アジア、アフリカ、中南米の発展途上国の多くが、公衆衛生や医学の進歩によって死亡率を低下させたのち、一世代ほどのうちに、急速に出生率を低下させることに成功した。ブラジル、チリ、中国、韓国、タイ、トルコなどがその例である。だが、アフガニスタン、エチオピア、イラク、ナイジェリア、パキスタン、イエメンなど、ほかの多くの国々はその道をたどっておらず、「人口動態の罠」にはまったままだ。

人口増加を減速させると、経済学者が「人口ボーナス」と呼ぶものがもたらされる。国の人口構成が小家族へと急速に移行するとき、若い被扶養者（養育と教育を要する人）数の増加が働く成人の数に比べて相対的に減少する。個人レベルでは、大家族の財政的負担を取り除くことによって、より多くの人が貧困から抜け出せる。国家レベルでは、人口ボーナスによって貯蓄と投資が増え、生産性が急激に高まり、経済成長が加速する。

日本は、一九五一年から五八年の間に人口増加率を半分に減少させたが、人口ボーナスによる恩恵を最初に受けた国の一つである。韓国と台湾がそれに続き、最近になってからは中国、タイ、ベトナムで、早い時期に出生率を大きく減少させたことが役立っている。この効果は二〇～三〇年しか続かないものではあるが、国を近代化の軌道に乗せるにはそれでも十分な場合が多い。実際、石油の豊富な数カ国を除いて、人口増加を減速させずに近代化を成功させた途上国は一つもない。

早い段階でうまく出生率を減少させられない国は、年間三パーセント、つまり一〇〇年間で二〇倍という増加率に直面する。このような人口の急増は、限られた土地や水資源に負担をかけかねない。大きな「ユース・バルジ（若年層突出）」が雇用の創出を上回ると、若い男性の失業者数が増加して衝突の起こるリスクが高まる。これも破綻国家になる可能性を高める。国際社会が直面している主な課題の一つは、そのような混乱状態に陥ることをどうやって防ぐかだ。国際的な援助計画を用いてこれまでどおりのやり方を続けることでは、うまくいっていない。危険の度合いはこれ以上ないほど高い可能性がある。私たちは、何とかして国家衰退の潮流を変えなければならない。

「世界安全保障省」を設立する

援助国の中には、破綻しつつある国家にはとくに注意が必要であることを認識している国もある。国家の破綻は、その性格からいってシステム的なものなので、システム的な対応――相互に関連し合う多くの破綻要因に対応する施策――が求められる。従来型のプロジェクト志向の開発援助では、国家の破綻は反転させられそうにない。むしろ破綻しつつある国家に対してもっと深く、全般的に関わる必要がある。

国家破綻のプロセスを反転させることは、国際社会がこれまでに直面してきたどの問題――第二次世界大戦後の荒廃した国々の再建も含め――よりもはるかに困難で厳しいプロセスだ。そしてまだどの援助国も実現させていない、関係する各組織間の一定レベルの協力が必要となる。米国の非営利組織ファンド・フォー・ピースのポーリン・H・ベイカー会長は、「大きな障害となっているのは、先進国政府が、破綻国家はまったく新しい種類の問題だということを理解しておらず、そのため、それに対処するための包括的な統合戦略を考案していないことだ」と指摘している。

米国政府内では、弱小国家や破綻しつつある国家に対処する取り組みが細分化されている。国務省、財務省、農務省などいくつもの省庁が関わっているのだ。そして国務省内では、異なるいくつかの局がこの問題に関与している。このような焦点の欠如を、ハート・ラドマン米国国家安全保障二一世紀委員会は認識していた。「今日では、危機回避と危機対応の責任が、国際開発庁や国務省の複数の局に細分化され、国務次官と国際開発庁長官の間でも分散されている。したがって、実際のところ誰も責任を負っていないのだ」

今必要とされているのは、弱小国家や破綻しつつある国家のそれぞれに向けた、首尾一貫した政策を立案する「世界安全保障省（DGS）」という内閣レベルの新たな政府機関である。「弱い国家および米国国家安全保障における委員会」の報告書ではじめて公表されたこの提言は、いまや安全保障に対する軍事力の脅威は小さくなっており、急激な人口増加や貧困、私たちを支える環境のシステムの劣化、水不足の広がりといった、国家を弱体化させる傾向がもたらす脅威が大きくなっていることを認識している。この新しい機関には、国際開発庁（現在は国務省の管轄）や、現在、ほかの省の中にあるさまざまな対外援助プログラムを組み込み、そうすることで、米国の開発援助全般に対する責任を負うことになるだろう。国務省はこの新しい省に対して外交面の支援を行ない、国家の破綻のプロセスを反転させるための全体的な取り組みを支援することになる。

世界安全保障省の資金は、国防省——安全保障をほぼ軍事的な意味だけで規定している——から財源を移すことで賄われる。事実上、世界安全保障省の予算は新たな安全保障予算の一部になるだろう。世界安全保障省は、人口の安定、私たちを支える環境のシステムの修復、貧困の根絶、すべての人への初等教育の提供、そして法の支配の強化——警察や裁判制度、必要ならば軍隊を補強することによる——に手を貸すことによって、国家の破綻の中心的な要因に注力することになる。

世界安全保障省は、債務救済や市場アクセスのような問題を、米国の政策のなくてはならない部分に据えることになるだろう。また、国内政策と外交政策を協調させる場を提供し、綿花の輸出補助金や穀物の自動車用燃料への転換に支払われる補助金といった国内政策が、低所得国の経済を弱めたり、食料価格が貧困層に手の届かないレベルまで上昇することを防ぐようにする。貧しい国にとっては、輸出志向の農業部門がうまくいくと、貧困から抜け出す道が拓けることが多い。国家の破綻のプロセスを反転させようとする国際的な取り組みの高まりを米国が主導できるよう、世界安全保障省が中核的役割を果たすだろう。また、開発を加速させるために保証を提供することによって、破綻しつつある国家への民間投資も促すだろう。

リベリアに学ぶ再建への道

これまで、国家の破綻のプロセスはたいてい一方通行であり、そのプロセスを反転させている国はほとんどない。リベリアはその流れを逆転させた数少ない国の一つだ。二〇万人が命を落とした、一四年間にわたる残酷な内戦ののち、二〇〇五年の『フォーリン・ポリシー』誌の破綻国家年間ランキングでリベリアは九位だった。だがその年、ハーバード・ケネディ・スクール出身で世界銀行の職員だったエレン・ジョンソン・サーリーフが大統領に選出されると、事態が好転し始めた。平和の維持、道路や学校、病院の修復、警察の訓練などを行なう最大一万五〇〇〇人の多国籍の国連平和維持軍兵士とともに、腐敗を根絶しようという壮絶な努力が、戦争で荒廃したこの国に進歩をもたらした。二〇一〇年、破綻しつつある国家のリストでリベリアは三三位にまで順位を下げている。

二〇〇二～〇五年に駐リベリア米国大使を務めたジョン・W・ブレイニーは、ウェブ・マガジン『プリズム』で、死に体だった国家がいかにして徐々に息を吹き返し、よみがえったかについて述べている。ある国連のグループが「先頭に立って、武装解除、軍事動員解除、社会復帰の計画を作成し、調整する」という卓越した役割を果たしたと書き、さらに「私たちは戦闘が終わるとすぐに、順番に何をすべきで、同時には何をすべきかを策定した」とも述べている。ブレイニーの結論によれば、崩壊した国家を再建するための決まったやり方はないという。それぞれの国が独自の状況を抱えているからだ。

貧困根絶は自分への投資である

本章で述べた教育、健康、家族計画のためのプランBの取り組みにかかる費用は、全部で年間七五〇億ドルと推定される。こういった人的資本の開発や人口安定化の土台を築ければ、根本にある社会的原因を軽減することで、国家の破綻を防ぐ一助にもなるだろう。一方、援助国は、現行の安全保障予算を、二一世紀に対処すべき脅威を反映したものになるよう再配分することで、破綻しつつある国家により効果的に対処するための費用を賄える。

ジェフリー・サックスが繰り返し語っているように、私たちは歴史上はじめて、貧困を根絶できる技術的・財政的資源を手にしているのだ。教育、健康、家族計画、学校給食への投資はある意味、世界の最貧国の窮状に対する人道的な対応である。だが経済的にも政治的にも統合された二一世紀の世界においては、それは私たちの未来への投資でもあるのだ。

第一二章

八〇億人を養う

一九五〇年に訪れた劇的な変化

一九五〇年より以前は、食料供給量の増大は、ほぼ一〇〇パーセント耕地面積の拡大によるものであった。それ以降、第二次世界大戦後に未開拓の地が消え、人口増加が加速するにつれて、焦点は土地の生産性の向上へと急速に移っていった。一九五〇年から七三年にかけて世界の農業がその歴史上で最もめざましい発展を遂げるなか、穀物収穫量は倍増した。別の言い方をすれば、この二三年間の穀物収穫量の増加分は、それに先立つ一万一〇〇〇年間をかけて増えた分と同じだったということだ。

これが世界の農業の最盛期だった。それ以降、未利用の新しい農業技術が次第に減り、土壌侵食が進み、農耕に適した土地面積が減少し、灌漑用水が不足するにつれて、世界の食料生産高の伸びは徐々に勢いを失ってきている。

一九五〇年以降、土地の生産性が増大したのは、高収量品種の開発、施肥量の増加、灌漑の普及という三つの理由によるところが大きい。高収量品種の改良ではじめて飛躍的な進歩が見られたのは、一九世紀の終わりに日本人科学者が小麦と米の両方で矮化《わいか》に成功したときだった。これにより、光合成産物のうち茎に分配される割合が減って、穀粒へ届く割合が増え、収量の倍増が可能となったのである。

現在、世界の主要穀物であるトウモロコシに関してははじめてもたらされた飛躍的な前進は、米国で進められたハイブリッド品種の開発によるものだった。ハイブリッド・コーンに関連したためざましい進歩と、はるかに小幅ながら、遺伝子組み換え技術にともなう最近の収量増加のおかげで、トウモロコシの収量は今なおジリジリと上がり続けている。

ごく最近では、中国の科学者たちが、商業ベースに乗るイネのハイブリッド品種を開発している。そういったハイブリッド品種によって収量は多少上がったが、イネを矮化することで得られた以前の伸びに比べると小さい。

農家が、養分不足が作物収量の足を引っぱらないようにしようとするにつれ、化学肥料の使用量は一九五〇年の一四〇〇万トンから二〇〇九年には一億六三〇〇万トンに増えた。米国、西欧の数カ国、日本などでは、今では施肥量が横ばいか、過去数十年間で実質的に減少している国さえもある。米国よりも多くの化学肥料を使っている中国とインドでも、農家がもっと効率的に使用するにつれてその使用量は減るかもしれない。

しかし、何十年にもわたる急成長ののち、今では土地の生産性を高めることは以前に比べて困難になりつつある。一九五〇年から九〇年にかけて、世界の穀物栽培地の生産性は年間二・二パーセントずつ上昇した。しかし、一九九〇年から二〇一〇年では、一・二パーセントしか伸びていない。

収量が伸び悩む兆しは、使える技術をすべて駆使している高収量の国々で明らかだ。小麦に関して言えば、一万平方メートル当たり八トン以上収穫するのは難しい。欧州最大の小麦生産国であるフランス、それにドイツ、英国、アフリカを代表する小麦生産国エジプトで、小麦収量が頭打ちになっている様子を見ればそれがわかる。

日本は、一〇〇年以上も前に世界を「穀物収量が伸びる時代」へと導いた国だが、米の収量が一万平方メートル当たり五トンに近づくにつれて、この一〇年ほど伸びが止まっている。今日、中国でも収量が日本のレベルに達するにつれ横ばいになりつつある。

三つの主要穀物のうち、高収量をあげる国々で今でも収量が着実に増え続けているのはトウモロコシだけだ。世界のトウモロコシ収穫量の四〇パーセントを占める米国では、驚くことに、現在の収量は一万平方メートル当たり一〇トンを超えている。アイオワ州はトウモロコシ収量がきわめて高く、今ではカナダ一国よりも多くの穀物を生産している。

国家的な農業戦略で穀物収量が増大

穀物収量はこれまで飛躍的に増大してきたが、世界の食料生産高を拡大することは、多くの理由からますます難しくなっている。遺伝子組み換え技術を含めても、品種改良によって収量をさらに高めることは容易ではない。灌漑面積の拡大も難しい。多くの国々で、施肥量を増やしても得られる効果はどんどん小さくなってきている。

こういった困難にもかかわらず、途上国の中には農業生産高を劇的に増加させた国もある。インドでは、一九六五年に雨をもたらすはずのモンスーンがやってこなかったため、飢饉を回避するために米国の小麦収穫高の五分の一を輸入せざるを得ないという経験のあと、新しい農業戦略を採り入れて大成功を収めた。たとえば、都市の消費者に有利な穀物販売の上限価格が廃止され、代わりに、農家に土地の生産性向上のための投資意欲を喚起する穀物支持価格が設定された。肥料工場の建設は公共部門から民間部門へと移され、建設のスピードがぐんと上がった。高収量のメキシコ系短稈《たんかん》小麦品種の種が、すでにインドでの試験を終えており、大量に輸入された。こういった数々の政策により、インドは七年間で小麦収穫量を倍増させることができた。あとにも先にも、主要国の中でこれほどの短期間に主食の収穫量を倍増できた国はほかにない。

同じような躍進を遂げたのがマラウイだ。この小国は穀物収量が低く、二〇〇五年の干ばつでは多くの人が飢えに苦しみ、餓死者さえ出た。それへの対策として政府は、約九〇キログラムの肥料と交換できるクーポンを市場価格よりはるかに低い価格で各農家に発行し、さらに、品種改良されたトウモロコシ――マラウイの主食――の種子を無料で支給した。年間およそ七〇〇〇万ドルの費用をかけ、援助国からも資金提供を一部受けて、この肥料・種子助成プログラムのおかげで、マラウイの農家は二年間でトウモロコシの収穫量をほぼ倍増させることができた。穀物の余剰分が出るほどまでになったのだ。幸いにも、この余剰穀物を厳しい穀物不足に見舞われていた近隣国のジンバブエに輸出し、利益をあげることができた。

その何年か前、同じような対策を講じたエチオピアも生産量を飛躍的に伸ばした。ところが、余剰穀物を輸出する手段がなかったため、穀物価格は暴落し国内の農家にとっては大きな打撃となった。この経験によって、アフリカで農業開発にとっての重要な課題が浮き彫りとなった。つまり、肥料を農家に運び、生産物を市場に運ぶための道路などの公共インフラがないことである。

チャド、マリ、モーリタニアなどアフリカのさらに乾燥した国々では、降雨量が不十分なために収量を大幅に高めることができない。農法を改善することで収量を少しは伸ばせるが、こうした降雨量の少ない国々の多くでは、「緑の革命」が起こっていない。オーストラリアで「緑の革命」が起こっていないのも同じ理由なのだが、土壌水分が少なく、そのせいで施肥量に限度があるためだ。

アフリカの半乾燥気候の地域で耕作地の生産性を高める一つの有望な方法は、穀物と窒素固定力のあるマメ科の木を同時に植えることである。はじめのうち、マメ科の木はゆっくりと成長するため、穀物は十分に成長し収穫できる。その後、マメ科の木は急速に成長して高さ一メートルほどになり、葉を落として、アフリカの土壌が切に必要としている窒素と有機物を提供する。その後、木は伐採して燃料に利用できる。この簡単で地元に適した技術は、ナイロビの国際アグロフォレストリー研究センターの科学者たちが開発したものだが、そのおかげで、農家は土壌が肥沃になるにつれ、数年という短期間に穀物収量を二倍に高めることができた。

土地生産性を高める三つの方法

未利用の新しい農業技術が減少しつつあり、その結果、世界中で収量があまり伸びなくなっていることは、「いかにして耕地の生産性を高めるか」について、これまでとは異なる考え方が必要だということを示している。一つの方法は、干ばつと寒さにより強い品種に改良することである。米国のトウモロコシ育種家たちは、より乾燥に強い品種を開発し、そのおかげでトウモロコシ生産は西に広がり、カンザス州やネブラスカ州、サウスダコタ州でも生産できるようになった。たとえば、米国を代表する小麦生産地のカンザス州では、今では小麦の生産量よりもトウモロコシの生産量のほうが多い。同様に、トウモロコシ生産は、ノースダコタ州やミネソタ州といった北方へも広がりつつある。

土地の生産性を高めるもう一つの方法は、土壌の水分量が足りるところでは、二期作を行なう耕地の面積を拡大することである。実際、一九五〇年から二〇〇〇年の間に世界の穀物収穫量が三倍になったのは、アジアで多毛作が広く普及したことが理由の一つだ。代表的なのは、中国北部で行なわれている小麦とトウモロコシの二毛作、インド北部の小麦と米の二毛作、そして中国南部とインド南部における米の二期作、あるいは三期作である。

華北平原でトウモロコシと小麦の二毛作が広まったことにより、中国の穀物生産量は急増し、米国に匹敵するまでになった。インド北部では、四〇年ほど前に穀物収穫物といえばほとんど小麦に限られていたが、従来のものより成長の早い高収量の小麦と米の登場によって、稲を植える前に小麦を収穫できるようになった。この小麦と米の二毛作は現在、パンジャブ州やハリヤナ州の全域、そしてウッタル・プラデシュ州の一部地域で広く行なわれている。

もう一つ、生産性を考えるうえで見落とされがちなのは、土地の保有形態の影響である。中国の農村発展研究所が行なった調査から、中国では土地の権利書を持っている自作農は、温室や果樹園、養魚池をつくるなど、自分の土地に対して長期的な投資を行なう確率が二倍であることがわかった。

まとめると、次第に水不足に陥るか、土壌侵食が広がるかして穀物生産量が減少している国がある一方で、圧倒的多数の国では、今もまだ実現されていない大きな潜在可能性を持っているのだ。それぞれの国にとっての課題は、その潜在可能性を実現するための農業・経済政策を策定することである。一九六〇年代後半のインドや、ここ数年のマラウイのような国を見れば、食料供給量を拡大する可能性をどう活用すれば良いのかが見えてくる。

ムダのない灌漑システムを採用する

水不足が食料増産の足かせとなっているため、この五〇年間に土地の生産性を三倍近く高めたのと同じように、水の生産性を上げる運動が世界には必要だ。表流水に関わる事業——つまり水路網を通して農家に水を届けるダム——の効率に関するデータから、作物は灌漑用水の一〇〇パーセントを使っているわけではないことがわかる。一部は蒸発したり、地下に浸透したり、流出したりしているという単純な理由だ。水政策アナリストのサンドラ・ポステルとエイミー・ビッカースは、「表流水の灌漑効率はインド、メキシコ、パキスタン、フィリピン、タイで二五〜四〇パーセント、マレーシアとモロッコで四〇〜四五パーセント、イスラエル、日本、台湾で五〇〜六〇パーセントである」ということを見出した。

中国の灌漑計画は、二〇〇〇年に四三パーセントだった灌漑効率を、二〇二〇年には五五パーセントまで引き上げるというものだ。主な方策は、水の価格引き上げ、高効率の灌漑技術を導入するための刺激策の提供、このプロセスを管理する地方機関の設置などである。

灌漑効率を引き上げるとは、一般的に、効率の低い湛水灌漑や畦間灌漑システムから、頭上スプリンクラーによる散水灌漑や、最も灌漑効率が高い点滴灌漑に移行することである。湛水灌漑や畦間灌漑から低圧スプリンクラーを使ったシステムに切り替えれば、水の使用量はおよそ三〇パーセント減少し、点滴灌漑に替えるとふつうは半減する。

点滴灌漑を行なうと収量も増大する。蒸発による減少を最小限に抑え、水を安定的に供給するからだ。水をポンプで汲み上げるのに必要なエネルギーも少なくて済む。点滴灌漑システムは労働集約的であるうえに水利用効率が高いため、労働力は余り、水が不足している国にはうってつけである。キプロスやイスラエル、ヨルダンなどいくつかの小国は、点滴灌漑に大きく依存している。このより効率の良い技術が使われているのは、インドと中国では灌漑地の一〜三パーセント、米国ではおよそ四パーセントにとどまる。

近年、一〇〇本ほどの苗が植えられた二五平方メートルの小さな菜園の灌漑用に、小規模な点滴灌漑システムが開発された。これはまさに、高い位置に置いたバケツに柔らかいビニールチューブがついていて、水やりをするというものだ。それよりいくぶん大きいドラム缶を利用したシステムだと、一二五平方メートルに水やりができる。どちらも水を入れる容器が少し高い位置にあるため、重力によって水が運ばれる。ビニール管を使った移設しやすい大規模な点滴システムも広まりつつある。こういったシンプルなシステムは、一年間でコストが回収できる。これらのシステムは水のコストを減らすと同時に、収量を上げ、小自作農の収入を大幅に増やすことができるのだ。

世界治水政策プロジェクト（GWPP）のサンドラ・ポステルは、点滴灌漑技術を利用すれば、インドでは全耕作地の一〇分の一近くに相当する一〇万平方キロメートルを利益の出る形で灌漑できる可能性があると推定している。ポステルは、中国についても同様の可能性があると言う。中国では現在、稀少な水を節約するため点滴灌漑の面積が拡大中である。

管轄を移すこと――つまり、灌漑システムの管理責任を、政府機関から地元の水利用者の組合に移すこと――によって、水の使い方がより効率的になる。多くの国では水管理の責任を農家が担うために、地元で組織をつくっている。農家は、水を上手く管理することが経済的な利益に直結するため、遠く離れた政府機関よりもしっかりと管理する傾向にあるのだ。こういった水利用者組合を、先頭に立って構築してきたのがメキシコだ。二〇〇八年時点で、公的な灌漑地区内の灌漑面積の九九パーセント以上を農民組合が管理していた。このように管理責任を移管させることの一つの利点は、灌漑システムの維持コストを地元が負担するので、国庫からの支出が減少することである。

水の生産性が低いのは、たいてい水の価格が安いことの結果である。多くの国では水に対する補助金のせいで水の値段が不当に安くなり、実際には不足しているのに、水が「余るほどある」印象を与えてしまう。水が不足してきたらそれに応じた価格を設定する必要がある。

新しい考え方が必要なのだ。水の利用に関する新しい考え方である。たとえば、可能な場合はできるだけ水利用効率の良い作物に転換することで、水の生産性を高めることができる。米の生産には大量の水が必要であるため、北京周辺では米の生産が徐々に減っている。同様に、エジプトも米の生産を制限し、小麦に切り替えている。灌漑地の作物の収量を高める方策はどれも、灌漑用水の生産性も高めてくれる。

動物性タンパク質の効率的生産

世界中で、帯水層と河川が持続可能に生み出せる量にまで水の使用量を減らすためには、農業だけでなく経済全体における幅広い対策が必要だ。より水利用効率の良い灌漑手法を採用する以外に、まず考えられる手段としては、水効率の良い工業プロセスを用いることなどがある。都市用水をリサイクルして供給することも、深刻な水不足に直面している国々ですぐに思いつく方法だ。また、石炭火力発電所は冷却用に大量の水を使うため、風力発電へ移行すれば水供給の大きな浪費がなくなる。

土地と水の生産性を高めるためのもう一つの方法は、動物性タンパク質をもっと効率的に生産することだ。七億六〇〇〇万トンという世界の穀物収穫量のおよそ三五パーセントが、動物性タンパク質の生産に使われていることを考えると、ほんの少し肉の消費量を減らすか生産効率を高めるだけでも、莫大な量の穀物を節約できる。

世界の動物性タンパク質の消費量は増加している。一九五〇年には四四〇〇万トンだった肉の消費量は、二〇〇九年には二億七二〇〇万トンに増え、一人当たりの年間消費量は二倍以上のおよそ四〇キログラムとなっている。同様に、牛乳と卵の消費量も同じように大きく伸びている。所得が増えた国では必ず肉の消費量が増える。四〇〇万年にわたる狩猟と採集の生活で発達してきたであろう味覚を反映しているのだろう。

海洋での漁獲量と放牧地で育てる牛肉生産量がどちらも頭打ちとなっているため、動物性タンパク質の生産量を拡大するために、世界中が穀物飼料で飼育する生産に移行している。穀物からタンパク質への変換効率には肉の種類によって大きな幅がある。肥育場の牛の場合、体重を一キログラム増やすのに、およそ七キロの穀物が必要である。豚は三キロ強、鶏は二キロちょっとだ。コイやティラピア、ナマズなどの草食系の養殖魚なら、二キログラム弱である。

現在、牛肉はそのほとんどが放牧地で生産されているが、世界全体の生産量は一九九〇年から二〇〇七年の間に年間一パーセントも増えておらず、それ以降も横ばいが続いている。豚肉の生産量の伸びは年間二パーセント、鶏肉は四パーセントだった。現在中国が半分を占める世界全体の豚肉生産量は、一九七九年に牛肉生産量を追い抜き、以降もその差は広がるばかりだ。鶏肉の生産量は一九九五年に牛肉を上回り、豚肉に次いで第二位となっている。

成長が速く穀物効率の高い養殖魚の生産量も、そのうちに牛肉生産量を追い越すだろう。実際、水産養殖は、一九九〇年以降に最も急成長した動物タンパク源であり、同年の一三〇〇万トンから二〇〇八年には五二〇〇万トンへと、年間八パーセントの成長率で増加した。

これまで世間の注目を集めてきた水産養殖といえば、一般的に、魚肉をエサとする肉食性のサケの養殖のように、環境効率が悪かったり、環境を破壊するやり方のものだった。ただし、こういったやり方で生産されるのは、世界の養殖魚生産高の一〇分の一に満たない。世界全体で見ると、水産養殖のほとんどは草食性の魚類――主に中国やインドのコイであるが、米国のナマズやその他さまざまな国で養殖されるティラピアもある――や甲殻類である。これこそ、動物性タンパク質の効率的な生産が大きく伸びる可能性のある分野だ。

　中国は世界の養殖魚生産高の六二パーセントを占めている。その生産高の大部分は、内陸にある淡水の池や湖、貯水池、水田で養殖されている魚類（主にコイ）と、主として沿岸地域で生産される甲殻類（カキやイガイ類）である。食物連鎖の異なる段階に属する餌で育つ四種類のコイを用いる複合養殖システムを行なえば、単一型の養殖に比べて、養殖池の生産性は通常、五〇パーセント以上高くなる。三二〇〇万トンという中国の養殖魚生産高は、米国の牛肉生産高である一二〇〇万トンの三倍近い。

　大豆ミールは世界中で牛や豚、鶏、魚の混合飼料に使われている。二〇一〇年に世界全体で生産された大豆は二億五四〇〇万トンだった。このうち、およそ三〇〇〇万トンが豆腐などの肉の代用食品として直接消費されている。およそ二億二〇〇〇万トンは圧搾されて、四〇〇〇万トンほどの大豆油と、価値の高い高タンパクの大豆ミール一億七〇〇〇万トンがつくり出された。

　大豆ミールと穀物を一対四の割合で混ぜ合わせると、穀物から動物性タンパク質への変換効率が飛躍的に高まり、二倍近くになることもある。現在、食肉の三大生産国である中国、米国、ブラジルを含めて、事実上、全世界が飼料中のタンパク質補給物として大豆ミールにかなり依存している。

　飼料効率を高めるために大量の大豆ミールを使っていることを考えれば、世界の穀物収穫量全体に占める飼料用穀物の割合は三五パーセントで、この二〇年間にわずかに減っているにもかかわらず、なぜ肉、牛乳、卵、養殖魚の生産量が増加し続けているのかがわかる。また、なぜ世界の大豆生産量が一九五〇年以降に一五倍に急増しているかも理解できる。

穀物に依存しない新システムの誕生

土地資源や水資源に対する圧力が高まっていることから、穀物よりもむしろ粗飼料で育てて動物性タンパク質を生産する、新しい有望なシステムがいくつか発展してきた。たとえば、インドの牛乳生産がそうだ。一九七〇年以降、インドの牛乳生産量は五倍に増え、当初の二一〇〇万トンから、二〇〇九年には一億一〇〇〇万トンに跳ね上がった。一九九七年にインドは米国を追い抜いて、牛乳でもほかの乳製品でも世界一の生産国となった。

注目すべきことは、インドが築き上げた世界最大の乳製品産業が、穀物の上に成り立っているのではなく、小麦や稲わら、トウモロコシの茎といった作物残渣《ざんさ》や、道端から集めた草だけでほぼ成り立っている点だ。現在インドでは、牛乳の年間生産額は米の生産額を上回る。

もう一つの新しいタンパク質生産モデルは、やはり動物の反芻《はんすう》運動と粗飼料を用いるものだが、冬小麦とトウモロコシの二毛作が広く行なわれている中国の河北省、山東省、河南省、安徽省の四省で発達してきた。中国当局が「ビーフ・ベルト」と呼ぶこれらの省は、農作物の残渣を利用して国内の牛肉の多くを生産している。このように、インドでは牛乳生産に、中国では牛肉生産に農作物の残渣を利用することで、農家はもともとの穀物から〝二つめの収穫〟が得られ、それによって土地と水の生産性の両方が高まっている。

なぜ「地産地消」への関心が高まっているのか？

発展途上国の人々が食物連鎖の上へ上へと向かうことに力を注いでいる一方で、多くの先進国では、地元で生産された新鮮な食材への関心が高まっている。米国では、こういった関心の原動力となっているのは、遠くの産地から食品を輸送することが気候に与える影響への懸念と、長いサプライ・チェーンを持つスーパーマーケットではもはや提供することができない、新鮮な食品を求める気持ちだ。家庭菜園や地元農家の直売所が広がっていることにもそれが現れている。

この地産地消の動きが急速に進むなか、食生活に地元産の食材や旬の食材がより多く使われるようになってきている。米国では、近年農場の数が増えていることにも、〝ローカル化〟へ向かうこのすう勢がうかがえる。農業に関する統計調査では、二〇〇二年から二〇〇七年の間に農場の数が八万近く増えて、およそ二二〇〇万になった。新しい農場の多くは――そのほとんどが小規模で、女性の農場主の割合が増えつつある――地元市場に出荷している。地元の直売所に出荷するためだけに新鮮な果実や果物を生産している農家もあれば、ヤギを飼育して牛乳やチーズ、肉を生産するヤギ農家など、特化した農産物を生産する農場もある。有機食品を専門に生産している農家も多く、米国の有機農場の数は二〇〇二年の一万二〇〇〇から、二〇〇七年には一万八二〇〇へと急増した。

地元で取れた農産物のために多くの販路が開かれつつある。地元の農家が自分たちの農産物を持ち込んで販売するファーマーズ・マーケットは、一九九四年には一七五五カ所だったが、二〇一〇年には六一〇〇カ所を超えており、一六年間で三倍以上に増えている。こういったファーマーズ・マーケットは、スーパーマーケットというよそよそしい空間にはない、生産者と消費者の間の人間的なつながりを育む。

現在では多くの学校や大学が、より新鮮でおいしく、栄養価も高いうえ、校内の新たな環境保護プログラムに適合するという理由から、つとめて地元の食材を購入するようにしている。スーパーマーケットの中には、地元農産物が手に入る季節に地元農家と契約を結ぶところが次第に増えてきている。たとえば、ウォルマートは二〇一〇年後半、地元農家から購入して店舗で販売する生産物を増やす計画を発表した。高級レストランは、メニュー上で地元産の食材を使っていることを強調している。野菜や果物だけでなく、肉や牛乳、チーズ、卵やその他の農産物など、地元産の食品だけを扱う通年の食品市場が発展しつつある。

家庭菜園に期待される貢献

二〇〇九年の春、ミシェル・オバマ米国大統領夫人が、地元小学校の子どもたちとホワイトハウスの芝生の一画を掘り起こして菜園を始めたことから、家庭菜園がブームとなった。これには前例がある。第二次世界大戦中に、当時の大統領夫人エレノア・ルーズベルトが、ホワイトハウスに「勝利の菜園」と呼ばれた家庭菜園をつくった。大統領夫人の取り組みに後押しされて何百万もの「勝利の菜園」がつくられ、やがて国内の野菜や果物の四〇パーセントを栽培するまでになった。

第二次世界大戦中は、米国が今よりずっと田舎の国だった時代で、家庭菜園を広げるのもはるかに容易だったが、今でも、米国の住宅敷地内の芝生面積は合計で七万三〇〇〇平方キロメートルにもなることを考えると、家庭菜園が持つ潜在的な可能性はとても大きい。この面積のうちわずかでも新鮮な野菜や果樹の栽培に充てれば、有意義な貢献ができるだろう。

米国や英国の多くの都市や小さな町では、菜園用の土地を利用する方法がほかにない人たちが使える市民農園をつくっている。現在では多くの地方自治体が、市民農園のための土地を提供することは、遊び場や公園を提供することと同じくらい不可欠なサービスだと考えている。

都市菜園は世界中で人気が高まっている。途上国の都市が都市菜園計画を確立できるように、国連食糧農業機関（ＦＡＯ）が計画したプログラムが好評を得ている。たとえば、コンゴ民主共和国の五つの都市では、このプログラムのおかげで二万人の栽培者たちが野菜の栽培方法を改善できた。同国の首都キンシャサでは、年間およそ八万トンの野菜が市場向け都市菜園で生産されており、市内の需要の六五パーセントを満たしている。

ボリビアの首都ラパス近郊の都市エル・アルトで、ＦＡＯは低所得世帯向けに「マイクロガーデン」プログラムを支援しており、すばらしい結果をもたらしている。一つが四〇平方メートル余りの小さな低コストの温室を利用して、およそ一五〇〇世帯が年間を通して新鮮な野菜を栽培している。その野菜は生産者が家で食べたり、地元の市場で売られたりする。

もう一つのうれしい展開は学校菜園である。子どもたちは、食べ物がどのようつくられるのかという、都会の環境では得難い知識を身につけ、取れたての生野菜や完熟トマトをはじめて食べた！　という子もいるだろう。学校菜園の新鮮な野菜や果物は給食にも使われている。この分野をリードするカリフォルニア州には、現在六〇〇〇の学校菜園が存在する。

食品をより遠くから運んでくると、風味や栄養が損なわれるうえに、二酸化炭素排出量が増える。アイオワ州で消費されている食品を調査したところ、これまでの農産物は平均して約二四〇〇キロメートルの距離を運ばれてきていることがわかった。これには外国からの輸入品は含まれていない。これに比べ、地元産の農産物なら運ぶ距離は平均約九〇キロメートルで、使う燃料の量がまったく違う。また、カナダのオンタリオ州で行なわれた研究では、五八品目の輸入食品の輸送距離は平均約四五〇〇キロメートルだった。石油が不足する世界で、消費者は「長距離輸送型の食料経済の中での食の安全保障」に懸念を抱いている。

窒素肥料の製造に使われる天然ガスや、埋蔵量が枯渇しているリン酸塩が高値となっていることから、今後、栄養分の再循環がよりいっそう重要になると考えられる。この点では、地元市場向けに生産している小さな農家が、大量の家畜を飼育する事業に比べて明らかに有利である。

食料安全保障の再定義が迫られる

エネルギーと同じく食料に関しても、安全保障の達成は、天秤の供給側だけでなく需要側にも目を向けられるかどうかにかかっている。近年の悪化しつつある食料事情を好転させるのに、生産量の増大だけに頼ることはできない。だからこそプランBでは、小家族への移行を加速し、二〇四〇年までに世界人口の伸びを八〇億人で食い止めることを基本的な目標にしているのである。

牛肉などの多くの穀物を必要とする畜産物たっぷりの食生活で、食物連鎖の上位にいる米国人は、平均的なイタリア人の二倍、インド人の四倍近くの穀物を消費している。地中海式の食生活をとり入れれば、米国人の穀物フットプリントをおよそ半分に減らすことができ、二酸化炭素排出量も同様に削減できる。

将来の食の安全保障を確保することは、かつては農業部門の担当省庁だけの責任であったが、この状況は変わりつつある。農業大臣がどんなに優秀であっても、その大臣一人に食料供給の確保を期待することはできない。実際、農業担当省庁が土地の肥沃度を高めようとするよりも、保健と家族計画を担当する省庁が出生率を下げるために力を尽くすことのほうが、今後の食の安全保障により大きな効果があるかもしれない。

同様に、エネルギーに関わる省庁が二酸化炭素排出量を早急に削減できなければ、世界は農作物を減少させるほどの熱波に直面するだろう。それは、収穫量を著しくかつ予測不能な形で減らしかねない。乾季に中国やインドの耕地の多くを灌漑する雪融け水の源である山岳氷河を救うことは、農業担当省庁だけでなくエネルギー担当省庁の責任でもあるのだ。

森林担当省庁と農業担当省庁が力を合わせて森林被覆面積を回復させ、洪水や土壌侵食を減らすことができなければ、穀物の収穫量は、今も減りつつあるハイチやモンゴルのような小さな国々だけでなく、小麦の輸出国であるロシアやアルゼンチンのような比較的大きな国々でも今後減少していくだろう。

また、水不足が食料生産量の制約となる場合、国内の水の生産性を高めるためにできる限りの手を尽くすことは、水資源担当の省庁の義務となるだろう。エネルギーと同じく水に関しても、いまや大きな可能性があるのは効率を高めることであって、供給量を増やすことではない。

耕地が不足していてその状況がますます深刻になっている世界では、「多くの土地を使う自動車中心の交通システムを発達させるのか、あるいはそれより必要な用地がずっと少なくて済む多様な交通システムを発達させるのか」に関して交通担当の省庁が下す決定は、世界の食の安全保障に直接影響を及ぼすだろう。

最終的に、農業を支える自然のシステムが衰えつつあることや、止まらない人口増加、人間が引き起こした気候変動、水不足の拡大といった、これまでとはまったく異なる安全保障への脅威を認めたうえで財源を再配分することは、財務担当の省庁の責任である。政府内の多くの省庁が携わっているため、国家の首脳こそが安全保障を定義しなおさなければならない。

私たち一人ひとりが担う食の責任

国際レベルでは、私たちは、ますます不安定になる気候とそれにともなう食料価格の変動がもたらす脅威に対処しなければならない。二〇〇七年から〇八年にかけて小麦、米、トウモロコシ、大豆の価格が三倍になったことは、各国政府と低所得者に大きな負担を与えた。価格が安定しないと農家の投資意欲が削がれるため、この価格の変動は生産者にも影響を及ぼすことになる。

このような不安定な状況では、世界の穀物価格を安定させるための新しいメカニズムが必要だ。つまり世界食料銀行（ＷＦＢ）である。この組織は小麦、米、トウモロコシの支持価格と上限価格を設定することになろう。ＷＦＢは、穀物価格が支持価格まで落ちれば穀物を買い上げ、上限価格まで上がれば買い上げた穀物を市場に戻す。そうすることで、消費者にも生産者にもプラスになる形で価格変動を緩和するのだ。ＷＦＢの理事会には、輸入側だけでなく輸出側の主要国も代表として参加する。その最も重要な役割は、穀物を買い上げ、市場へ放出する価格レベルを設定することになるだろう。

米国にとって食の安全保障を高める簡単な方法は、燃料用エタノールへの補助金を打ち切り、穀物の燃料への変換を後押ししている指令を廃止することである。そうすることで穀物価格を安定させ、私たちの将来を損ないつつある環境面や人口動態面のすう勢を逆転させるための時間を、いくらか稼ぐことができるだろう。また、輸入国間で表面化している、食の安全保障をめぐる政治的な緊張を和らげる助けにもなるだろう。

そして最後に、私たちの誰もが、個人としての役割を果たさなくてはならない。通勤に自転車を使うのか、バスあるいは車を使うのかの選択は、二酸化炭素排出量、気候変動、そして食の安全保障に影響を与える。スーパーマーケットに行くときに乗る車の大きさとそれが気候に及ぼす影響は、レジで支払う食料品の価格に間接的な影響を与えるかもしれない。家庭のレベルでは、子どもの数は二人に維持する必要がある。もし食物連鎖の上位に位置する食事をしているなら、穀物をそれほど必要としない畜産物を食べることで、健康を増進すると同時に、気候の安定化に役立つこともできるだろう。食の安全保障は私たちのすべてに関係のあることであり、私たちのすべてに責任があることなのだ。

第Ⅳ部
残された時間
WATCHING THE CLOCK

第一三章

文明を救う

プランBで「二一世紀のための経済」を築く

私たちには「二一世紀のための経済」が必要である。地球や、私たちを支える自然のシステムを破壊しつつある経済ではなく、そういったものと歩みを合わせる経済が必要なのだ。欧米の工業化社会で発展した「化石燃料を基盤とした、自動車中心の使い捨て経済」は、それを形づくった国々にとっても、そういった国をお手本にしている国々にとっても、もはや持続可能なモデルではない。つまり、私たちは新しい経済を築き上げる必要があるのだ。それは、風力、太陽エネルギー、地熱といった二酸化炭素を排出しないエネルギー源によって動力が供給される経済であり、多様な交通システムを有し、あらゆるものをリユース、リサイクルする経済である。

プランBに従えば、針路を転換し、持続可能な進歩の道に移行することができるが、それには戦時下のようなスピードで大規模に動員をかけることが必要となるだろう。このプランBかきわめてそれに近いものだけが、私たちに残された望みの綱である。

プランBの目標である「気候の安定化」「人口の安定化」「貧困の根絶」「経済を支える自然のシステムの修復」は互いに依存し合っている。世界の人々を養うにはどれも不可欠である。また、どの目標についても言えることだが、それ以外の三つの目標をすべて達成しなければ達成できそうにはない。世界経済を「衰退→崩壊」の道から離脱させられるかどうかは、この四つの目標すべての達成にかかっている。

市場に真実の経済を語らせるとき

経済を再構築するカギは、すべてのコストを反映させた価格設定によって、市場に真実を語らせることである。エネルギーに関して言えば、化石燃料の燃焼にかかるすべてのコストを反映するよう炭素に税金をかけ、その分を所得税の減税で相殺することである。

世界が持続可能な道に移行しようというのなら、間接的なコストを計算し、それを市場価格に組み入れるよう、政治指導者と協力して税制を再構築する経済学者が必要だ。それには生態学や気象学、農学、水文学、人口統計学などほかの学問分野からの手助けも必要だろう。偽りのない市場を生み出す「すべてのコストを反映させた価格設定」は、文明と進歩を維持できる経済を構築するうえで欠かせないものである。

ノーベル経済学賞受賞者九名を含む、およそ二五〇〇名の経済学者が課税シフトという考え方を支持している。ハーバード大学経済学部教授であり、ジョージ・W・ブッシュ前大統領のもとで大統領経済諮問委員会の委員長を務めたN・グレゴリー・マンキューは、『フォーチュン』誌でこう述べている。「所得税を減らす一方でガソリン税を引き上げれば、経済成長の加速、交通渋滞の緩和、道路の安全性向上、地球温暖化リスクの低減につながるだろう。これらすべてが長期的な政府の支払能力を脅かさずに実現できるのだ。これこそ経済学が提供すべき、〝フリーランチ〟に最も近いものだろう」

市場がすべてのコストを反映していないことは、ガソリンを見れば簡単にわかる。ガソリンの間接コストに関して、入手可能なものの中で最も詳細な分析は、国際技術評価センターによるものだ。社会が負う多くの間接コスト――気候変動、石油業界に対する税制優遇措置、軍隊による石油供給の防衛、石油業界に対する補助金、原油流出、自動車の排気ガスに関連する呼吸器疾患の治療など――をすべて足し合わせると、一リットル当たりおよそ三・二ドルになる。この外部コストをおよそ〇・八ドルという米国のガソリン価格に上乗せすると、一リットル当たりおよそ四ドルになるだろう。これこそが本当のコストである。誰かがそれを負担するのだ。

その誰かが私たちでないのなら、子どもたちということになる。

市場に真実を語らせることができれば、つまりガソリンや石炭の燃焼、森林破壊、帯水層のくみ上げ過ぎ、そして魚の乱獲の総コストを市場価格に反映させることができれば、合理的な経済をつくり始めることができる。もし偽りのない市場をつくることができれば、市場の力によって世界のエネルギー経済は急速に再構築されるだろう。すべてのコストを反映させた価格設定を段階的に導入すれば、石油や石炭の使用量はあっという間に減るだろう。突如として、風力や太陽エネルギー、地熱が、気候に悪影響を与える化石燃料よりもずっと安くなるはずである。

企業の企画担当者であれ、政府の政策立案者であれ、投資銀行家であれ、消費者であれ、私たちは皆、経済に関する意思決定を行なっている。そして自分たちの行動指針として、市場が出す価格シグナルに頼っている。だが市場が間違った情報を与えれば、私たちは間違った決定を下す。それがまさに、これまでずっと起こってきたことである。

私たちは誤った会計システムに惑わされている。それは破綻につながる会計システムだ。エクソン社のノルウェー・北海担当副社長だったオイスタン・ダーレは、こう述べている。「社会主義は崩壊した。市場に経済の真実を語らせなかったためだ。資本主義は崩壊するかもしれない。市場に生態系の真実を語らせないためだ」

コストを簿外処理していると、倒産のリスクを冒していることになる。一〇年前、驚異的な成功を収めていたエンロンという会社は、経済誌の表紙をたびたび飾っていた。「米国で最も価値のある企業」の七位にランクされたこともある。ところが、投資家たちが疑問を呈し始め、社外の会計士が会計を検査してみるとエンロンは破綻しており、資産価値はゼロになっていたことが明らかになった。一株九〇ドル以上で取引されていたエンロン株は、数セントにまで急落した。

エンロンは、費用を簿外処理する巧妙なやり方を編み出していた。私たちは今、まさに同じことをしている。ただし、地球全体でそうしているのだ。もしこのやり方を続ければ、私たちもまた破綻に直面するであろう。

自然のシステムの限界を認め、尊重する

現代の市場経済が抱えるもう一つの大きな欠陥は、自然のシステムが持続可能に生み出せるものの限界を認めもせず、尊重もしていないということだ。たとえば、帯水層のくみ上げ過ぎを考えてみよう。ひとたび地下水位が低下し始めていることが明らかになれば、最初にとるべき措置は新しい井戸の掘削を禁止することである。それでも地下水位の低下が止まらなければ、水の価格設定を変えて、水使用量を減らし、帯水層を安定させるべきである。さもなければ、どんどん深く井戸を掘り進めて「どん底めがけての競争」となる。帯水層が枯渇すると、水が膨らませてきた食料バブルははじけ、収穫量は減少し、食料価格は高騰することになるだろう。

あるいは森林破壊を考えてみよう。木の伐採に対して一本ごとに課税する伐採税のような適切な刺激策があれば、言われなくても伐採方法は皆伐から択伐に切り替わり、成木だけを伐採するようになって森林は保護されることになるだろう。

私たちは、化石燃料の燃焼にともなうコストをその価格に含めずに現実を歪めているだけでなく、実のところ、政府は化石燃料の使用に補助金を出しており、現実をさらに大きく歪めている。化石燃料の生産と使用を奨励する補助金は、世界全体で年間およそ五〇〇〇億ドルにのぼる一方、風力、太陽エネルギー、バイオ燃料などの再生可能エネルギーに対する補助金は五〇〇億ドルに満たない。二〇〇九年の化石燃料の消費に対する補助金は、石油に一四七〇億ドル、天然ガスに一三四〇億ドル、石炭に三一〇億ドルなどである。各国政府は地球の気候をさらに不安定にするために、毎日一四億ドル近くを支払っているのである。

化石燃料に六六〇億ドルの補助金を出しているイランは、ガソリン価格を市場価格の五分の一にすることで、先頭に立ってガソリン使用を推進している。イランに次いで化石燃料の使用に多額の補助金を出している国は、ロシア、サウジアラビア、そしてインドだ。

化石燃料への補助金を打ち切るだけで、二酸化炭素排出量を削減できるであろう国がたくさんある。その中には、すでにそうしている国もある。ベルギー、フランス、日本は石炭に対する補助金を段階的に全廃した。欧州連合（EU）の国々は、二〇一四年までに石炭への補助金を完全に撤廃することになるかもしれない。オバマ大統領は、二〇一一年に、化石燃料への補助金を段階的に削減し始めると発表している。燃料価格を世界の市場価格よりはるかに低く設定していた多くの国々は、原油価格の上昇にともない、財政負担の重さを理由に自動車燃料への補助金を大幅に低減あるいは撤廃している。補助金を減らしているのは中国、インドネシア、ナイジェリアなどである。

経済的破綻を招く気候変動に直面している世界は、もはや石炭や石油の燃焼を拡大させる補助金を正当化することはできない。今後一〇年間にわたって石油の消費に対する補助金を段階的に廃止すれば、二〇二〇年には石油消費量は一日当たり四七〇万バレル減るだろう。二〇二〇年までに化石燃料の消費に対する補助金を全廃すれば、世界の二酸化炭素排出量は六パーセント近く削減され、政府債務も減るはずである。

風力、太陽エネルギー、地熱のような、気候に害を与えないエネルギー源の開発に補助金をシフトすることは、地球の気候の安定に役立つだろう。補助金を道路の建設から都市間高速鉄道の建設に振り替えれば、移動性は高まり、移動にかかるコストも減らせるうえ、二酸化炭素排出量も減らせるだろう。

非軍事的な「安全保障」を定義する

経済の再構築の必要性と密接に関係しているのが、安全保障を再定義する必要性だ。二つの世界大戦と冷戦に支配されていた二〇世紀から私たちが受け継いだものの一つは、ほとんど軍事的な意味合いだけで定義される「安全保障」の観念である。この観念は米国政府の考え方の主流となっているので、七〇一〇億ドルにのぼる二〇〇九年の米国の外交予算のうち、六六一〇億ドルは軍事目的、残り四〇〇億ドルが対外援助や外交プログラムに充てられていた。

二〇〇七年に英国の元国際開発大臣、ダグラス・アレクサンダーがそれをうまく言い表している。「二〇世紀には、ほとんど例外なく、何を破壊できるかで国の力を測っていた。二一世紀には、何をいっしょに築き上げられるかによって強さを測るべきだろう」と。

良いニュースは、米国では、安全保障を再定義するという考えが今さまざまな独立系のシンクタンクだけでなく、国防総省そのものにも広がりつつあることだ。数多くの研究が、政治不安の一因となり、社会の崩壊につながる重要なすう勢である気候変動や人口増加、水不足、食料不足が米国の利益に及ぼす脅威に目を向けている。

安全保障の概念については再定義が始まっているものの、財政面での再定義はまだ行なわれていない。米国の軍事予算は今でも莫大であり、高度な技術を用いた高額の兵器システムの開発、製造に充てられている。ほかに強力な軍事大国がないため、米国は事実上、自らと軍備拡大競争をしているのである。次の戦争がサイバー戦争であったら、あるいはテロリスト集団との戦いだとしたらどうなるだろうか？　従来の兵器システムへの巨額の投資はあまり役に立たないだろう。

時代にそぐわない軍事予算の大きさを考えると、「文明を救うための財源がない」とは誰も主張できない。世界中に散らばる数百の軍事基地など、広範囲に及ぶ米国の軍備が文明を救うことはないだろう。それはひと昔前のものである。私たちが安全保障の目標を最も効果的に達成できるのは、食料生産の拡大に力を貸し、家族計画の不足を補い、ウィンド・ファームや太陽光発電所を建設し、学校や診療所をつくることを通じてである。

世界は石炭に背を向け始めている

各国政府やメディアが二〇〇九年のコペンハーゲン国連気候変動会議に向けた準備に力を入れていた間に、米国では、ほとんど目につかなかったが、石炭火力発電所の新設に反対する力強い動きが台頭していた。全国および地方の環境団体が石炭発電所に反対している第一の理由は、気候変動を推し進めているのが主にそういった発電所だからである。それに加えて、石炭発電所からの排出物が米国で年間一万三二〇〇人を死に至らせる原因となっているからである。これは、イラクとアフガニスタンでの戦闘で命を落とした米国人の数を合わせたものよりもはるかに多い。

米国の石炭産業は、この数年というもの、一つ二つと負けが込んできた。最初は石炭火力発電所に対する地元の抵抗として始まったいくつかのさざ波が、環境や保健、農業、地域の団体の草の根レベルの反対という、全国に広がる大波へと発展した。石炭業界は莫大な資金を投じて「クリーンな石炭」を売り込むキャンペーンを展開しているが、米国市民は石炭に背を向けつつある。「どのエネルギー源で発電した電力が好ましいか」と尋ねた世論調査で、石炭を選んだのは三パーセントにすぎなかった。シエラクラブは、二〇〇〇年以降、計画が提出された石炭火力発電所とその行くすえを記録し続けているが、米国内の一三九の発電所計画が頓挫または中止されたと報告している。

この石炭をめぐる戦いにおいて、最初の転機がやってきたのは二〇〇七年六月である。フロリダ州の公益事業委員会が建設費五七億ドル、発電容量一九六〇メガワットの大規模な石炭発電所に認可を与えなかったのだ。これを提案した電力会社が、省エネやエネルギー効率化、あるいは、再生可能なエネルギー源への投資よりもこの発電所の建設が低コストであることを証明できなかったからである。これは、非営利の環境法律団体であるアースジャスティスの弁護士たちがたびたび指摘していた点だ。これと、フロリダ州で広がっていた石炭火力発電所の新規建設に反対する世論とがあいまって、同州で提案されていた別の四件の石炭発電所計画は、静かに撤回されることになった。

さらに、金融界が熱帯林行動ネットワーク（ＲＡＮ）から圧力を受けて石炭業界に背を向けたこともあって、石炭業界の将来は暗いものとなった。二〇〇八年の二月はじめに、投資銀行であるモルガン・スタンレー、シティバンク、Ｊ・Ｐ・モルガン・チェースは、「今後の石炭火力発電へのいかなる融資も、政府による二酸化炭素排出規制にともなってコストが増大しても採算がとれることを、電力会社が実証することを条件とする」と発表した。その後、バンク・オブ・アメリカもそれにならうと表明した。

石炭業界が直面している二つの未解決問題

石炭業界を悩ませている未解決の問題の一つは、石炭の燃えカスである石炭灰をどうするかである。石炭灰は現在、四七の州にある一九四カ所の埋め立て地と、一六一カ所の沈殿池に溜められている。この灰にはヒ素、鉛、水銀などの有毒物質が混じっているため、処理は容易ではない。業界が知られたくなかったこの事実が白日のもとにさらされることになったのは、二〇〇八年のクリスマス直前だった。テネシー州東部にあるテネシー渓谷開発公社（TVA）の石炭灰貯留池の擁壁が崩壊し、有害物質の混じった汚染灰が三八〇万キロリットル流出したのである。

驚くかもしれないが、石炭業界には毎年生み出される一億三〇〇〇万トン、つまり一〇〇万両の鉄道貨車をいっぱいにするほどの灰を安全に処理するための計画がない。テネシー州での有毒石炭灰の流出——TVAはこれを浄化するのに一二億ドルかけている——は、いわば石炭業界の棺桶のフタにもう一本釘を打ち込むことになった。

二〇一〇年八月に行なわれた、エンバイロンメンタル・インテグリティ・プロジェクト（EIP）、アースジャスティス、シエラクラブによる共同研究の報告によると、二一州にある三九カ所の石炭灰埋め立て地が、地元の飲料水や表流水をヒ素や鉛などの重金属で汚染しており、国が定めた飲料水の安全基準を上回っていたという。このほかにも、九八カ所の石炭灰埋め立て地が地元の水道水を汚染していることは、すでに米国環境保護庁（ＥＰＡ）が確認している。こういったことをはじめとした数々の脅威に対応して、地元の地下水の汚染を避けるために、石炭灰の貯留施設の管理強化を求める新たな規制が設けられようとしている。それに加えて、ＥＰＡは、二酸化硫黄や酸化窒素など、石炭発電所からの排出物に関してさらに厳しい規制をかけつつある。目指しているのは、小児喘息のような慢性的な呼吸器疾患や、石炭火力発電所からの排出物による死亡者数を減らすことである。

石炭業界がいつもやっているもう一つの行為、つまり、炭層に達するために山頂を爆発物で吹き飛ばす山頂除去採炭も非難を浴びている。二〇一〇年八月のＲＡＮの発表によると、バンク・オブ・アメリカ、Ｊ・Ｐ・モルガン、シティバンク、モルガン・スタンレー、ウェルズ・ファーゴなどの米国の大手投資銀行が、山頂除去採炭に関わる会社への融資を打ち切っている。大手炭鉱会社のマッセイ・エナジーは、環境や安全に関する基準を守らないことと、二〇一〇年に、ウェストバージニアに所有している炭鉱で炭鉱作業員二九人の死亡事故を起こしたことで悪名高いが、先ほどの投資銀行のうち三行から受けていた融資をすべて受けられなくなった。

再生可能エネルギーは枯れることのない井戸

ますます多くの電力会社が、石炭は長期的な選択肢としては使えないことに気づき始めている。たとえばTVAは、二〇一〇年八月、五九の石炭発電設備のうち九基の閉鎖を計画していると発表した。続いて南東部の別の電力会社大手デューク・エナジーは、ノースカロライナ、サウスカロライナ両州だけで、七基の石炭火力発電設備の閉鎖を検討していると発表した。同じくカロライナのプログレス・エナジーは、四つの発電所で一一基の閉鎖を予定している。ペンシルベニア州では、エクセロン・パワーが二つの発電所で石炭発電設備四基を閉鎖する準備を進めている。コロラド州の電力会社最大手エクセル・エナジーは、石炭発電設備七基を閉鎖する予定であると発表した。

これら五社が例示しているのは、現在、米国でますます多くの電力会社が石炭火力発電所の閉鎖を進め、その代わりに天然ガス、風力、太陽エネルギー、バイオマスの利用、そしてエネルギー効率化で電力を賄おうとしているということだ。エネルギー調査コンサルティング会社大手のウッド・マッケンジーは、石炭に関する今後の見通しを分析するなかで、こういった閉鎖は石炭業界にこれから起こることの前兆だと見ている。

影響力のある米国連邦エネルギー規制委員会（FERC）のジョン・ウェリングホフ委員長は、二〇〇九年はじめに、「米国にはこれ以上新たな石炭発電所は必要ないだろう」と述べている。規制当局や投資銀行、政治指導者たちは今、ジェームズ・ハンセンのような気候科学者にはしばらく前から明らかだったことに気づき始めている。「石炭火力発電所を建設し、結局数年のうちに取り壊さなければならなくなるのはまったく意味がない」ということに。

米国には電力使用量を減らせる莫大な余地があることを考えると、石炭火力発電所の閉鎖は案外ずっと簡単なのかもしれない。最もエネルギー効率の高いニューヨーク州と同じレベルまで他の四九州の効率レベルを引き上げれば、国内の石炭火力発電所の八〇パーセントを閉鎖しても十分な量のエネルギーを節約できるだろう。残りの発電所は、ウィンド・ファーム、太陽熱発電所、太陽電池、地熱発電、地熱ヒートポンプなどの再生可能エネルギーに移行することで閉鎖できよう。

先に述べたように、米国での石炭から再生可能エネルギーへの移行は進行中である。二〇〇七年から二〇一〇年の間に、米国の石炭使用量は八パーセント減少した。同期間に、不景気だったにもかかわらず、新たに三〇〇カ所のウィンド・ファームが稼動し始め、風力発電容量はおよそ二万一〇〇〇メガワット増えた。

最も重要なのは、米国は現在、新規の石炭火力発電所の認可を事実上凍結しているということだ。シエラクラブやグリーンピースなどいくつかの環境団体は今、既存の石炭発電所の閉鎖に力を注ぎ始めている。この動きは国際的なものになりつつあり、現在いくつかの国で、新規石炭発電所の建設を中止し、既存の発電所を閉鎖させようという運動が進行中だ。

米国内で新規に石炭火力発電所が承認されることは、たとえあったとしてもきわめて少ない見込みなので、この凍結は世界に向けてのメッセージである。デンマークやニュージーランドは、すでに新規石炭火力発電所を禁止している。ハンガリーは、国内に一つだけ残る石炭発電所を今まさに閉鎖しようとしている。カナダで人口の三九パーセントが暮らすオンタリオ州は、石炭による発電を段階的に廃止し、二〇一四年までに全廃する計画だ。スコットランドは二〇一〇年九月に、国内の供給電力に占める再生可能エネルギーの割合を二〇二〇年までに八〇パーセントに、そして二〇二五年までには一〇〇パーセントにして、石炭から完全に手を引く計画を発表した。おそらくほかの国々も、こういった二酸化炭素排出量を削減する取り組みに加わるであろう。一週間に一つの割合で新たに石炭火力発電所をつくっていた中国でさえ、再生可能エネルギーでは一挙に前へ出て、今では新規ウィンド・ファームの設置数で世界トップになっている。このような例をはじめとするさまざまな進展が示すのは、「二〇二〇年までに二酸化炭素排出量の八〇パーセントを削減する」というプランBの目標は、数年前に多くの人が感じたであろうよりも実現の可能性がはるかに高いということだ。

エネルギー経済の再構築によって、二酸化炭素排出量が大幅に減り、気候の安定化が促されるだけでなく、今日わかっている大気汚染の大部分もなくなるだろう。汚染されていない環境がどのようなものか、私たちには想像することすら難しい。深刻な汚染を引き起こさないエネルギー経済というものを、私たちの誰一人として経験したことがないからだ。炭坑での労働は過去のものになり、黒肺塵症はやがてなくなるだろう。大気汚染があまりにひどいため激しい運動をしないように警告する「非常警報」も同様になくなるはずだ。

そして最後に、枯渇や撤退といった事態が避けられない油田や炭坑への投資とは対照的に、新しいエネルギー源は尽きることがない。ウィンド・タービンや太陽電池、太陽熱システムはどれも修理や時おりの交換は必要となるが、こういった新エネルギーに投資することは、永遠に持続できるエネルギーシステムに投資するということだ。これらは枯れることのない井戸なのである。

最良の選択は「サンドイッチ・モデル」

石炭から脱却する見込みは良好に思われるが、重要なのはそのタイミングだ。グリーンランドの氷床を救うのに間に合うスピードで、石炭火力発電所を閉鎖できるだろうか？　グリーンランドを救うことは文明を救うことの象徴であり、必要条件でもあると思う。もしその氷床が溶ければ、海水面は七メートル上昇することになる。何百もの沿岸部の都市が打ち棄てられ、アジアでは河川デルタの稲作地帯が水に沈むだろう。そして、何億という人々が海面上昇による難民となるだろう。脳裏に浮かぶ言葉は、まさに「カオス」である。もし、グリーンランドの氷床を救うために社会を大きく動かすことができなければ、おそらく私たちが知っているところの文明を救うことはできないだろう。

同様に、数々の国を「人口動態の罠」から脱却させるのに間に合うスピードで貧困を根絶し、家族計画の不足を補うことができるだろうか？　世界文明が崩壊し始める前に、破綻しつつある国家の増加を止めることができるだろうか？

最も重要な問いは、「変革が間に合うだろうか」である。世界経済を持続可能な道へと動かそうとするときに必要となる変革の大きさを考えると、社会変革の三つのモデルに着目することが有効だと思う。一つは「真珠湾モデル」だ。劇的な事件が米国人の考え方や行動の仕方を変えたというものである。二つめは、長期にわたって思考や行動が緩やかに変化したあと、社会がある特定の問題で転換点《ティッピング・ポイント》に達するモデルである。これを私は「ベルリンの壁モデル」と呼んでいる。三つめは、熱心な草の根の運動が推し進める変革が、政治指導者たちからもしっかりと支持される「サンドイッチ・モデル」である。

一九四一年一二月七日（日本時間では一二月八日）の日本による真珠湾奇襲は、米国の目を覚まさせる劇的な出来事だった。これによって、米国人の戦争に対する考えは一変したのである。もし米国人に、その前日の一二月六日に「米国は第二次世界大戦に参戦すべきか」と尋ねていたら、おそらく九五パーセントの人が「ノー」と答えただろう。それが一二月八日、月曜日の朝には、九五パーセントの人が「イエス」と回答しただろうと思われる。

「気候の面で『真珠湾モデル』に匹敵するシナリオは、どんなものが起こり得るでしょうか？」と科学者に尋ねると、西南極大陸の氷床崩落が挙げられることが多い。すでに一〇年以上にわたって氷床から相当大きな氷塊が砕け落ちているが、さらに巨大な氷塊が割れて海中に滑り落ちていく可能性もある。海面は数年のうちに、六〇～九〇センチメートルというぞっとするような上昇を見せるかもしれない。残念なことに、もしこの地点に達してしまったら、どんなに急いで二酸化炭素排出量を減らしても、残っている西南極大陸の氷床を救うには手遅れだろう。そのときにはもう、崖っぷちの向こう側に行ってしまっているかもしれない。

「ベルリンの壁モデル」は興味深い。一九八九年一一月の壁の崩壊は、はるかに根本的な社会変革が起こる瞬間を目の当たりにできた出来事だったからである。旧ソ連政府に起こった変化に力づけられた東欧の国々が、ある時点で、一党制の政治システムと中央計画経済をともなう大規模な「社会主義の実験」をはねつけた。予想されていなかったが、東欧は事実上の無血革命を起こし、それによってその地域のすべての国で政府形態が変わった。東欧は転換点《ティッピング・ポイント》に達していたのである。

多くの社会変革は、社会が転換点に到達するか、あるいは重要な閾値を越えたときに起こる。いったんそうなると、変革は急速に、しかも予想できない形でやってくることが多い。米国が迎えた転換点として最もよく知られるものに、二〇世紀後半に次第に高まった喫煙に対する反対が挙げられる。この動きは、一九六四年に米国公衆衛生局が最初に発表した喫煙と健康に関する報告書に始まり、そこから次々と喫煙が健康に及ぼす悪影響についての情報が流されたことによって勢いを増した。この情報の流れが、タバコ業界が巨額の資金を注ぎ込んでいた「デマ作戦」をついに打ち負かしたときに、転換点が訪れた。

多くの米国人が、石油・石炭業界が資金を投じる気候変動についての「デマ作戦」に惑わされているが、一九九〇年代のタバコのときとほぼ同様に、気候に関しても米国が転換点に近づきつつあると思われる兆しがある。石油・石炭会社は、タバコ業界が「喫煙と健康には関連性がない」と一般の人々を説得しようとして用いたのと同じ、情報かく乱戦術を使っているのだ。

社会変革の「サンドイッチ・モデル」は、多くの点で最も魅力的である。その大きな理由は、一九六〇年代に米国で起きた公民権運動に見られるように、急速に変化が進む可能性を秘めているからだ。たとえば、石炭火力発電所からの有毒汚染物質を制限する現行法を守らせるために、EPAが講じた強力な措置によって、石炭の魅力は以前に比べてずっと薄れつつある。石炭灰貯蔵の管理に関する規制や、山頂除去採炭に反対する決定も同じである。このことが、電力会社に対して最小コストの選択肢を追求させる力強い草の根運動とあいまって、石炭の終焉を告げつつある。

三つの社会変革モデルの中で「真珠湾モデル」に頼って変化を求めるのは、ほかに比べて断然危険である。気候変動に関して、社会を変えるほどの破局的な出来事が起こるときには、きっともう手遅れだからだ。「ベルリンの壁モデル」は、政府の支援がなくてもうまく機能するが、時間がかかる。急速で歴史的な進歩のために理想的な状況というのは、変革に対して高まりつつある草の根の圧力と、同じ熱心さで取り組む国の指導力が合わさったときに生じる。

希望回復の技術と財源は手の中に

私は、自分たちが起こさなければならない変革がいかに大きく、いかに切迫しているかに圧倒されそうになるといつでも、米国が第二次世界大戦に参戦していたときの経済史を読み返す。どのようにして急速に社会を動かしていくかに関する、ワクワクする研究だからだ。米国はもともと参戦に抵抗しており、真珠湾を直接攻撃されてはじめて動いたのである。それでも、しっかりと応戦した。総力を挙げて取り組むと、米国の参戦によって戦争の流れが変わり、連合軍が三年半のうちに勝利する結果となったのである。

真珠湾爆撃の一カ月後、一九四二年一月六日の一般教書演説で、フランクリン・D・ルーズベルト大統領は国の兵器製造目標を発表した。戦車四万五〇〇〇台、軍用機六万機、それに数千隻の軍艦を製造するという計画だった。大統領はこう加えた。「できないとは誰にも言わせない」

これほど莫大な兵器製造数は誰も目にしたことがなかった。世間からは疑いの声ばかりが聞こえてきた。しかし、ルーズベルト大統領とその側近たちには、世界の工業力が最も集中しているのは米国の自動車産業だとわかっていた。大恐慌の最中でさえ、米国は年間三〇〇万台以上の自動車を生産していたのである。

ルーズベルト大統領は、一般教書演説のあとで自動車業界の指導者たちに会い、「米国がこうした兵器の製造目標を達成できるかどうかは、あなたがたに大きくかかっているのです」と伝えた。はじめのうちは、自動車業界は自動車の生産を続け、単に兵器を追加的に生産するつもりだった。まもなく新車の販売が禁止されることをまだ知らなかったのである。一九四二年の二月初旬から一九四四年末までの三年近く、米国では基本的に一台の車も生産されなかった。

新車の販売禁止に加えて、住宅と幹線道路の建設が中止され、娯楽のための運転が禁止された。人々は、にわかにリサイクルにいそしみ、「勝利の菜園」と呼ばれた家庭菜園で野菜をつくった。タイヤやガソリン、燃料油、砂糖などの戦略物資は、一九四二年から配給制となった。それでも一九四二年には、工業生産高は米国史上最大の伸びを見せた――そのすべては軍需品である。戦時中の航空機需要は桁はずれに大きかった。その中には戦闘機、爆撃機、偵察機だけでなく、はるか遠くの前線での戦いに必要な軍隊輸送機や、貨物輸送機も含まれていた。一九四二年はじめから一九四四年にかけて、米国は、当初目標の六万機を大幅に上回る、二二万九六〇〇機という驚異的な数の航空機を製造した。今日でさえ、容易には想像できないほどの莫大な数だ。同様に驚かされるのは、一九三九年には一〇〇〇隻ほどだった米国商船隊に、終戦までに五〇〇〇隻以上が加わったことである。

ドリス・カーンズ・グッドウィンはその著書『*No Ordinary Time*（非常時）』で、さまざまな企業がいかにして事業転換したかを説明している。ある点火プラグ工場は機関銃の製造に切り替えた。料理用コンロの製造業者は救命艇を、回転木馬の工場は砲架をつくった。そして玩具メーカーは羅針盤を、コルセット製造業者は手榴弾のベルトを、ピンボールマシン工場は徹甲弾をつくった。

今振り返ると、このように平時経済から戦時経済へ転換するスピードには、目を見張るものがある。米国の工業力を用いることで戦況が逆転し、連合国軍が決定的に優位となった。すでに総力を挙げて臨んでいたドイツと日本は、この米国の奮闘に反撃することはできなかった。英国のウィンストン・チャーチル首相は、自身の内閣で外務大臣を務めたエドワード・グレイ卿の言葉をしばしば引用した。「米国は巨大なボイラーのようだ。いったん火がつくと際限なく力を生み出せる」

大事な点は、米国の産業経済を再構築するのに何十年もかからなかったということだ。数年もかからなかった。数カ月のうちに成し遂げられたのだ。数カ月で米国の産業経済を再構築できたのなら、数カ月で世界のエネルギー経済を再構築することもできるはずだ。

現在使われていない米国内の多くの自動車組立てラインを使えば、第二次世界大戦中にフォード・モーター・カンパニーがB－24爆撃機向けにそうしたように、いくつかの機械設備を入れ替え、ウィンド・タービンを生産して、世界が膨大な風力エネルギー資源を即座に利用できるようにするのは比較的簡単なことだろう。こうすれば、早急に採算がとれる形で、しかも世界の安全保障を高めるやり方で経済を再構築できることに、世の中が気づくだろう。

世界は今、気候を安定させ、貧困を根絶し、人口を安定させ、経済を支える自然のシステムを回復させ、何よりも、希望を取り戻すための技術も財源も手にしている。かつて存在したどんな社会よりも豊かな米国には、こういった取り組みの先頭に立つための資源もリーダーシップもある。

プランB達成に必要な予算

二一世紀の文明を、衰退と崩壊の道から、文明を持続させる道へと軌道修正するために必要な変化にかかるコストは、おおよそ算出することができる。算出できないのは、プランBを採用しなかったときのコストである。そのとき必ずもたらされる社会崩壊や多数の死者に、いったいどうやって値段をつけるというのだろう?

これまでの章で述べたように、貧困を根絶し、人口を安定させるのに必要な外部資金として、年間七五〇億ドルの追加支出が必要となる。地球修復のための努力をせずに貧困根絶に取り組んでも、必ず失敗する。表土の保護、森林再生、海洋漁場の回復をはじめとする数々の必要な対策には、推定で年間一一〇〇億ドルの追加支出を要するだろう。社会的な目標と地球を修復する目標の両方をプランBに組み込むと、年間一八五〇億ドルの追加支出が生じる(表13－1参照)。これが新しい防衛予算である。国の安全保障と世界の安全保障を脅かす最も重大な脅威に取り組むための予算である。これは全世界の軍事支出の一二パーセント、そして米国の軍事支出の二八パーセントにあたる。

残念ながら米国は、止むことのない環境悪化、貧困、人口増加がもたらす脅威にはほとんど

表13-1：プランBの予算：社会的な目標と地球を修復する目標を達成するために必要な年間追加支出額（単位：億ドル）

目標	必要資金
基本的な社会的目標	
初等教育の全世界への提供	100
読み書きのできない成人をゼロにする	40
学校給食プログラム	30
女性、乳幼児、就学前児童への支援	40
性と生殖に関する健康および家族計画	210
基本的な保健医療の全世界への普及	330
合計	750
地球修復の目標	
植樹	230
耕地の表土保護	240
放牧地の再生	90
漁場の回復	130
地下水位の安定化	100
生物多様性の保護	310
合計	1,100
総計	1,850
米国の軍事予算	6,610
これに占めるプランB予算の割合	28%
世界の軍事予算	15,220
これに占めるプランB予算の割合	12%

（出典：Military from SIPRI；その他のデータ：〈www.earth-policy.org〉）

目もくれず、ますます強力な軍事力を確立することばかりに財源を充て続けている。二〇〇九年の米国の軍事支出は、世界の軍事費総計一兆五二二〇億ドルの四三パーセントを占めた。軍事支出の多い国々はほかに、中国（一〇〇〇億ドル）、フランス（六四〇億ドル）、英国（五八〇億ドル）、ロシア（五三〇億ドル）などである。

世界全体で年間二〇〇〇億ドル足らずの追加資金で、飢餓、非識字、病気、貧困をなくし、地球の土壌や森林、漁場を回復させることができる。私たちは、すべての人の基本的ニーズが満たされている国際社会を築くことができるのだ。それは、「自分たちは文明人だ」と思える世界にほかならない。

一般的に見て、政治的リーダーシップを測る基準は、「課税対象を労働から環境破壊活動へシフトできるかどうか」となるだろう。気候を安定させるためにエネルギー経済を再構築するうえでのカギは、追加支出の予算ではなく、課税シフトである。

衰退する力が互いに強め合うように、進歩する力も互いを強め合うことができる。たとえば、エネルギー効率を向上させて石油への依存度が下がれば、二酸化炭素排出量も大気汚染も減る。貧困の根絶は人口の安定化にも役立つ。森林を再生させれば、炭素は吸収され、帯水層の涵養量は増え、土壌侵食も減少する。必要なだけのすう勢をいったん正しい方向に向かわせれば、それらは互いに強め合うだろう。

私たちが選ぶべき未来

「私に何ができるでしょうか?」——私が最もよく耳にする質問の一つだ。人々は私が「新聞をリサイクルしなさい」とか「電球を換えなさい」と言うように、ライフスタイルを変えることを提案すると思っていることが多い。そのような変化は不可欠だが、それだけではとても十分とは言えない。世界経済の再構築とは、政治に積極的に働きかけ、必要な変革に向かって努力することである。石炭火力発電所に反対する草の根運動が行なっているように。文明を救うことは、スポーツ観戦ではないのだ。

知識を得よう。問題について読もう。この本を友人たちと共有しよう。偽りのない市場をつくるために税制を再構築すること、石炭火力発電所を段階的に廃止させること、地元で世界に通用するリサイクル制度をつくることなど、自分にとって重要な問題を選ぼう。あるいは、家族計画を望んでもその手段がない二億一五〇〇万人の女性に家族計画サービスを提供しようと取り組んでいる団体に加わってもいい。同じ意見を持つ人たちで、互いに関心ある問題に取り組む小さなグループをつくるのもいいだろう。取り組むべき問題を選べるように、誰かと話すことから始めたっていい。

ひとたびグループをつくり、はっきりと目標を定めたなら、地元の市議会や州議会、あるいは国会議員に会いたいと頼んでみよう。地元選出の議員に手紙かメールを出し、税制再構築と化石燃料に対する補助金の撤廃が必要であると訴えよう。環境コストを簿外処理していると、短期的にはうまくいっているように感じられても、長期的には崩壊につながるということを議員に気づいてもらおう。

第二次世界大戦中、何百万人もの若者が徴兵され、究極の犠牲を払うリスクを冒すことを求められた。しかし私たちに求められているのは、政治に積極的に働きかけることと、ライフスタイルを変えることだけだ。第二次世界大戦中、ルーズベルト大統領はたびたび、米国人に生活の仕方を戦時体制に合わせるように求め、米国人はそれに応えて共通の目標に向かって皆で努力した。今日、文明の救済の一助となるために、私たち一人ひとりが時間やお金で、あるいは消費を減らすことで、どんな貢献ができるだろうか。

選ぶのは私たち――あなたであり、私である。これまでどおりを続けて、経済を支える自然のシステムを破壊し続け、最後には自滅に至る経済を営むこともできる。あるいは方向を変え、進歩をずっと続ける道へと、世界を移行する世代となることもできる。どちらを選ぶかは、私たちの世代だ。しかし私たちが何を選ぶかは、将来のあらゆる世代にわたって、地球上の生きとし生けるものに影響を及ぼすことになろう。

訳者あとがき

「気候にせよ、身の周りの自然にせよ、何かおかしい」

「このままでは、未来世代に住みにくい地球を残してしまうのではないか……」


地球や私たちの暮らしの今後に対する、漠とした不安が広がっています。地球温暖化にせよ、食料の状況にせよ、何となく状況が悪化しているような気がするが、実際のところはどうなのだろうか？　私たちはどうして、このような問題が頻発する状況に陥っているのだろうか？

核戦争や世界を二分するような武力衝突の危険性は遠のいたように思えるが、二一世紀の新たな危機とは何なのだろうか？　政治や経済は、新たな課題に対応できているのだろうか？企業は新しい社会の要請に、どのように応えつつあるのだろうか？　そして、私たち一人ひとりは何をすべきなのだろうか？

このような疑問や不安を感じていらっしゃる方々に、レスター・R・ブラウン氏の最新刊『*World on the Edge*』の日本語版をお届けできることを心からうれしく思います。本書は、このような問いや不安に、データと事実、明晰な分析、新しい動向や事例を、客観的にかつわかりやすく示してくれる本だからです。

世界屈指の環境オピニオンリーダーとして、四〇年近く環境問題の分析と発信を続けているレスター・R・ブラウンは、一九三四年にニュージャージー州の農家に生まれました。小さいときから畑仕事を手伝い、一三歳ぐらいのときには近所の人からオンボロのトラクターを安く買って自分で修理し、弟とトマト栽培に精を出し、近所でもまれにみる生産量を誇っていたそうです。「ニュージャージー州のトマト・ピッキング選手権でも優勝したことがあるんだよ」とのこと。

そのまま一生トマト栽培を続けていくつもりだった彼の人生を変えたのは、農業を学んでいた大学時代に、インドの地方農村で過ごした半年間の経験でした。人口増加などで痩せた土地では十分な作物ができず、飢えた村人たちは何とか生き延びようと森の木を切って畑をつくるが、それがまた土地の劣化につながる、という悪循環を目の当たりにしたレスターは、「農業問題は土地や水などの環境問題だ」と痛感したと言います。

米国に戻ったレスターは、農家にはならず、農務省に入ります。トマトではなく政策をつくる立場から農業に取り組んだのです。農務省でも注意深くインドの様子を追っていたレスターは、一九六五年、現地から米国政府に向けて「インドに大飢饉発生の可能性あり。大至急穀物送れ」と緊急電報を打ちます。土地の劣化やその年の異常なモンスーン気候から農業用水の不足を予見し、収穫量への影響を見抜いたうえでのギリギリの判断でした。その年インドは、レスターの予想どおり穀物が取れず大飢饉の危機に瀕しますが、レスターの打電に対応して米国の穀物生産総量の五分の一もの穀物がすでに海を渡っていました。おかげで大不作にもかかわらず、インドは大飢饉をまぬがれることができたのです。

このエピソードからもわかるように、レスターは、個別の事象を大きな枠組みで関連づけてとらえる力が優れています。まだ誰も気づいていない二〇年以上前から、「バイオエタノールを推進すれば、食料問題につながり、穀物をめぐって人間と自動車が争うことになる」と警鐘を発していたのもレスターです。

かつて、「レスターはどうして、大局的見地から物事をとらえられるようになったの？」と聞いたことがあります。彼の答えは、「実際に農業に携わった経験が大きかったのだと思うよ。農家は、土壌から天候、市場、植物の病気、経済まで、異なる分野にまたがって考えなくてはならないからね。長年、農業をしてきた私にとって、こうした大きな枠組みで考えることは、第二の天性みたいなものなんだよ」。

個別の問題や事象に振り回されるのではなく、このような「大きな枠組み」で私たちの直面している地球規模の問題構造をぜひとらえていただくために、本書ほどわかりやすく優れた手引書はないと思います。

レスターは危険や危機をあおり立てるようなことは決してしません。講演でも書籍でも、熱い思いは伝わってきますが、淡々とデータと事実を分析と見通しを示していきます。「あなたは楽観主義者ですか？　悲観主義者ですか？」と尋ねられると、レスターは「現実主義者です」と答えます。でもきっと、明るい現実主義者なのだと思うのです。

二〇一一年一月に私が立ち上げた「幸せ経済社会研究所」のインタビューで、レスターに幸せについていろいろと話を聞いたのですが、最後に「長年悪化の一途をたどっている地球環境問題に取り組みつつも、レスターはいつも幸せそうに見えるけど、何がレスターを幸せにするの？」と聞いてみました。

レスターは笑って、「文明を救うために自分たちがすべきことが実践されているかどうかを示す進捗報告に耳を傾けることだね」と、英国で野心的な二酸化炭素排出量削減目標が出されたこと、コスタリカやモルジブなどのより小さな国々が二〇二〇年頃までに二酸化炭素排出量ゼロにする計画であること、スコットランドは二〇二〇年までに電力のすべてを二酸化炭素排出量ゼロにする予定であること、人口を安定させた国が四六カ国あることなどを挙げ、「こうした、持続可能な文明に向かって前進しているという証拠に、最もワクワクし、喜びを感じるんだよ」。

レスターは本書を通して、かつてインドを大飢饉から救ったのと同様の緊急電報を、世界のすべての人々に宛てて打電しているように思えてなりません。「このままでは大変な状況になってしまう、しかも残された時間はあまり多くない崖っぷちに私たちは立っている、でも、どうしたら危険な崖から離れることができるか、真に持続可能な社会と未来を創ることができるか、私たちはやり方も知っているし、そのための技術ももう手の中にある。だからみんなで力をあわせてがんばれば、まだ大丈夫。何もせずに状況の悪化を見守るのではなく、立ち上がり、それぞれができること・すべきことをやっていこう」――そんなレスターの思いを共有し、各地での取り組みがさらに加速することを祈っています。

本書の翻訳にあたって、すばらしい翻訳者の中小路佳代子さんがいっしょに作業をしてくれました。川嶋洋子さん、佐藤千鶴子さんがお手伝いしてくれ、ダイヤモンド社編集者の村田康明さんが企画・編集を担当してくださいました。ありがとうございました。

そして、一九九八年にレスター・R・ブラウン著『エコ経済革命』（たちばな出版、一九九八年）を翻訳した際、訳者あとがきの最後に「環境問題と格闘するレスターを少しでもサポートできればと思っている。そしていずれは、私もリングに上がりたい、と思っている」と書いた私が、翻訳だけではなく、講演や執筆、政府の委員会などでも活動するようになっていくのを、会うたびに目を細めて応援してくれているレスターに心からの感謝を込めて。

枝廣淳子

第一二章

・国際農業研究協議グループ(CGIAR)は〈www.cgiar.org〉を参照。
・M. Herrero et al., "Smart Investments in Sustainable Food Production: Revisiting Mixed Crop-Livestock Systems," *Science*, vol. 327, no. 5967 (12 February 2010), pp. 822-25.
・国際水管理研究所(IWMI)は〈www.iwmi.cgiar.org〉を参照。
・National Research Council, *Toward Sustainable Agricultural Systems in the 21st Century* (Washington, DC: National Academies Press, 2010).
・Sandra Postel and Amy Vickers, "Boosting Water Productivity," in Worldwatch Institute, *State of the World 2004* (New York: W. W. Norton & Company, 2004).
・U.N. Food and Agriculture Organization, *The State of World Fisheries and Aquaculture* (Rome: various years).

第一三章

・炭素税センター(Carbon Tax Center)は〈www.carbontax.org〉を参照。
・The CAN Corporation, *National Security and the Threat of Climate Change* (Alexandria, VA: 2007)は〈www.cna.org/reports/climate〉を参照。
・International Center for Technology Assessment, *The Real Cost of Gasoline: An Analysis of the Hidden External Costs Consumers Pay to Fuel Their Automobiles* (Washington, DC: 1998), with updates from Gasoline Cost Externalities (Washington, DC: 2004 and 2005).
・Ted Nace, *Climate Hope* (San Francisco: Coal Swarm, 2010)、およびthe Coal Swarmは〈www.sourcewatch.org/index.php?title=CoalSwarm〉を参照。
・シエラクラブの「*Stopping the Coal Rush*」は〈www.sierraclub.org/environmentallaw/coal/plantlist.aspx〉を参照。
・U.S. Department of Defense, *Quadrennial Defense Review Report* (Washington, DC: February 2010).
・Francis Walton, *Miracle of World War II: How American Industry Made Victory Possible* (New York: Macmillan, 1956).

・米国グリーン・ビルディング協会（USGBC）は〈www.usgbc.org〉を参照。

第九章

・Alison Holm, Leslie Blodgett, Dan Jennejohn, and Karl Gawell, *Geothermal Energy International Market Update* (Washington, DC: Geothermal Energy Association, May 2010).
・European Photovoltaic Industry Association, *Global Market Outlook for Photovoltaics Until 2014* (Brussels: May 2010).
・Global Wind Energy Council, *Global Wind 2009 Report* (Brussels: 2010).
・Renewable Energy Policy Network for the 21st Century, *Renewables 2010 Global Status Report* (Paris: 2010).
・Xi Lu, Michael B. McElroy, and Juha Kiviluoma, *"Global Potential for Wind-Generated Electricity," Proceedings of the National Academy of Sciences*, vol. 106, no. 27 (7 July 2009), pp. 10,933-38.

第一〇章

・Andrew Balmford et al., "The Worldwide Costs of Marine Protected Areas," *Proceedings of the National Academy of Sciences*, vol. 101, no. 26 (29 June 2004), pp. 9,694-97.
・Johan Eliasch, *Climate Change: Financing Global Forests* (London: Her Majesty's Stationery Office, 2008).
・国連環境計画（UNEP）の「一〇億本植樹キャンペーン」は〈www.unep.org/billiontreecampaign〉を参照。
・国連食糧農業機関（FAO）の *Forest Resources Assessment 2010* (Rome: 2010)に関するさらなる情報は〈www.fao.org/forestry/en〉を参照。

第一一章

・Alex Duncan, Gareth Williams, and Juana de Catheu, *Monitoring the Principles for Good International Engagement in Fragile States and Situations* (Paris: Organization for Economic Co-operation and Development, 2010).
・Jeffrey D. Sachs and the Commission on Macroeconomics and Health, *Macroeconomics and Health: Investing in Health for Economic Development* (Geneva: World Health Organization, 2001) は〈www.paho.org/English/DPM/SHD/HP/Sachs.pdf〉を参照。（『マクロ経済と健康：経済開発のための保健に対する投資：マクロ経済と保健に関する諮問委員会報告書』 遠藤昌一・森亨訳、日本公衆衛生協会、2007）
・Susheela Singh et al., *Adding It Up: The Costs and Benefits of Investing in Family Planning and Maternal and Newborn Health* (New York: Guttmacher Institute and United Nations Population Fund, 2009).
・U.N. Department of Social and Economic Affairs, *Millennium Development Goals Report 2010* (New York: June 2010)、およびミレニアム開発目標（MDGs）に関する詳細は〈www.un.org/millenniumgoals〉参照。（『国連ミレニアム開発目標報告2010』 国際連合広報センター、2010）
・UNESCO, *Education for All Global Monitoring Report 2010: Reaching the Marginalized* (Paris: 2010).
・World Bank and International Monetary Fund, *Global Monitoring Report 2010: The MDGs after the Crisis* (Washington, DC: 2010).

mailings/〉を参照。
・David B. Lobell and Christopher B. Field, "Global Scale Climate-Crop Yield Relationships and the Impacts of Recent Warming," *Environmental Research Letters*, vol. 2, no. 1 (16 March 2007).
・米国雪氷データセンター（NSIDC）は〈nsidc.org〉を参照。
・U.N. Environment Programme, *Global Outlook for Ice and Snow* (Nairobi, Kenya: 2007).

第五章

・GRAINの「*Food Crisis and the Global Land Grab*」、およびブログと最新のアーカイブは〈farmlandgrab.org〉を参照。
・Joachim von Braun and Ruth Meinzen-Dick, *"Land Grabbing" by Foreign Investors in Developing Countries*, Policy Brief No. 13 (Washington, DC: International Food Policy Research Institute, April 2009).
・U.N. Food and Agriculture Organization, *The State of Food Insecurity in the World 2010* (Rome: 2010).
・World Blank, *Rising Global Interest in Farmland: Can It Yield Sustainable and Equitable Benefits?* (Washington, DC: September 2010).

第六章

・Environmental Justice Foundation, *No Place Like Home: Where Next for Climate Refugees?* (London: 2009).
・Gordon McGranahan et al., "The Rising Tied: Assessing the Risks of Climate Change and Human Settlements in Low Elevation Coastal Zones," *Environment and Urbanization*, vol. 18, no. 1 (April 2007).
・Koko Warner et al., *In Search of Shelter: Mapping the Effects of Climate Change on Human Migration and Displacement* (Atlanta, GA: CARE International, 2009).

第七章

・Pauline H. Baker, "Forging a U.S. Policy Toward Fragile States," *Prism*, vol. 1, no. 2 (March 2010).
・Fund for Peace and *Foreign Policy*, "The Failed States Index," *Foreign Policy*, July/August various years、および全文索引は〈www.fundforpeace.org/global/〉を参照。
・政治不安タスクフォースは〈globalpolicy.gmu.edu/pitf/〉を参照。
・Susan E. Rice and Stewart Patrick, *Index of State Weakness in the Developing World* (Washington, DC: Brookings, 2008).

第八章

・完全な道路《コンプリート・ストリート》同盟は〈www.completestreets.org〉を参照。
・運輸開発政策機関（ITDP）は〈www.itdp.org〉を参照。
・International Energy Agency, *Energy Technology Perspectives 2010* (Paris: 2010).
・McKinsey & Co., *Pathways to a Low-Carbon Economy* (New York: 2009).
・Natalie Mims, Mathias Bell, and Stephen Doig, *Assessing the Electric Productivity Gap and the U.S. Efficiency Opportunity* (Snowmass, CO: Rocky Mountain Institute, January 2009).

参考文献

本書で取り上げたテーマに関する詳細情報をお知りになりたい方は、ここに掲載されている参考文献リストをご覧ください。本書の全文、注、データ、ニュースリリースは、アース・ポリシー研究所のウェブサイト〈www.earth-policy.org〉で入手いただけます。

第一章

・Herman E. Daly, "Economics in a Full World," *Scientific American*, vol. 293, no. 3(September 2005), pp.100-07.
・Jared Diamond, *Collapse: How Societies Choose to Fail or Succeed* (New York: Penguin Group, 2005).（『文明崩壊：滅亡と存続の命運を分けるもの（上・下）』 楡井浩一訳、草思社、2005）
・Global Footprint Network, WWF, and Zoological Society of London, *Living Planet Report 2010* (Gland, Switzerland: WWF, October 2010).
・Mathis Wackernagel et al., "Tracking the Ecological Overshoot of the Human Economy," *Proceedings of the National Academy of Sciences*, vol. 99, no. 14 (9 July 2002), pp. 9, 266-71.
・Ronald A. Wright, *A Short History of Progress* (New York: Carroll and Graf Publishers, 2005). （『暴走する文明：「進歩の罠」に落ちた人類のゆくえ』 星川淳訳、日本放送出版協会、2005）

第二章

・John Briscoe, *India's Water Economy: Bracing for a Turbulent Future* (New Delhi: World Bank, 2005).
・Sanjay Pahuja et al., *Deep Wells and Prudence: Towards Pragmatic Action for Addressing Groundwater Overexploitation in India* (Washington, DC: World Bank, January 2010).
・Sandra Postel, *Pillar of Sand* (New York: W. W. Norton & Company, 1999). （『水不足が世界を脅かす』 環境文化創造研究所訳、家の光協会、2000）
・Tushaar Shah, *Taming the Anarchy: Groundwater Governance in South Asia* (Washington, DC: RFF Press, 2009).
・国連食糧農業機関（FAO）による "AQUASTAT: Countries and Regions," は〈www.fao.org/nr/water/aquastat/countries_regions/index.stm〉を参照。

第三章

・David R. Montgomery, *Dirt: The Erosion of Civilizations* (Berkeley, CA: University of California Press, 2007). （『土の文明史：ローマ帝国、マヤ文明を滅ぼし、米国、中国を衰退させる土の話』 片岡夏実訳、築地書館、2010）
・米国航空宇宙局（NASA）Earth Observatoryは〈earthobservatory.nasa.gov〉を参照。
・国連砂漠化対処条約（UNCCD）は〈www.unccd.int〉を参照。

第四章

・Joseph Rommによるブログ「*Climate Progress*」は〈www.thinkprogress.org/romm/issue/〉を参照。
・James Hansen, "How Warm Was This Summer?" 1 October 2010は〈www.columbia.edu/~jeh1/

ま行

や・ら・わ行

た行

な行

は行

か行

さ行

索引

アルファベット

あ行

［著者］

レスター・R・ブラウン (Lester R. Brown)

アース・ポリシー研究所所長。

1934年、ニュージャージー州生まれ。ラトガーズ大学、ハーバード大学で農学・行政学を修め、米国農務省では国際農業開発局長を務める。およそ30年前から“環境的に持続可能な発展”の概念を生み出す先駆者として活躍し、ワシントン・ポスト紙では「世界で最も影響力のある思想家の一人」と評された。

1974年に「ワールド・ウォッチ研究所」を創立し、最初の26年間は所長を務める。2001年には、学際的な非営利研究機関「アース・ポリシー研究所」を設立。文明を持続させるための計画策定、および達成までのロードマップの提示を目指している。

1987年の国連環境賞、89年の世界自然保護基金（WWF）ゴールド・メダル、94年の旭硝子財団ブループラネット賞などをはじめ、数多くの受賞歴を持ち、また25の名誉学位を授かる。

著者・共著者として多数の書籍を刊行しており、その著作は40カ国語以上に翻訳されている。

［訳者］
枝廣淳子（えだひろ・じゅんこ）

環境ジャーナリスト、翻訳家。東京大学大学院教育心理学専攻修士課程修了。
幸せ経済社会研究所所長、有限会社イーズ代表、NGOジャパン・フォー・サステナビリティ代表、有限会社チェンジ・エージェント会長。福田・麻生内閣「地球温暖化問題に関する懇談会」委員、経済産業省総合資源エネルギー調査会基本問題委員会委員などを務める。講演、執筆、翻訳等の活動を通じて「伝えること、つなげること」でうねりを広げつつ、変化を創り出し広げるしくみづくりを研究。所長を務める「幸せ経済社会研究所」〈http://www.ishes.org/〉では、本当の幸せを経済や社会との関わりで学び、考え、対話する研究会などを開催している。
主な著訳書に、『エネルギー危機からの脱出』（講談社）、『「エコ」を超えて—幸せな未来のつくり方』（海象社）、『不都合な真実』（武田ランダムハウスジャパン）、『地球のなおし方』『成長の限界　人類の選択』（以上、ダイヤモンド社）、など多数。

中小路佳代子（なかこうじ・かよこ）

津田塾大学学芸学部英文学科卒。ビジネス・経済分野の翻訳から、現在は主に環境分野の翻訳を手がける。主な訳書に、『グッド・ニュース——持続可能な社会はもう始まっている』（ナチュラルスピリット）、『学習する組織』『ゼロから考える経済学』（以上、英治出版）、『身の回りの有害物質徹底ガイド』『フード・インク　ごはんがあぶない』（以上、武田ランダムハウスジャパン）、など。

地球に残された時間
——80億人を希望に導く最終処方箋

2012年2月2日　第1刷発行

著　者——レスター・R・ブラウン
訳　者——枝廣淳子　中小路佳代子
発行所——ダイヤモンド社
〒150-8409　東京都渋谷区神宮前6-12-17
http://www.diamond.co.jp/
電話／03·5778·7234（編集）03·5778·7240（販売）
装丁————bookwall
製作進行——ダイヤモンド·グラフィック社
印刷————八光印刷（本文）・慶昌堂印刷（カバー）
製本————ブックアート
編集担当——村田康明

ISBN 978-4-478-01773-9